Sehr geehrter Leser, sehr geehrte Leserin,

schon immer war der Bauherr entscheidend für den Erfolg eines Bauprojektes. Er bestimmt das Ziel und wählt seine Partner für die Realisierung.

Als Bauherr konnte man noch nie so viel falsch machen wie heute. Denn die heutigen Gebäude können durch die Kombination von maximalem Komfort, Sicherheit und Energieeffizienz zu technischen Wunderwerken werden. Der neue Berliner Flughafen ist das berühmteste Beispiel dafür, was passieren kann, wenn die Bedeutung von Technik von Bauherren ignoriert wird. Es braucht nicht viel, um gravierende Fehler bei Bauprojekten zu vermeiden. Es ist nicht schwer, ein gutes Bauprojekt erfolgreich zu gestalten. Alles, was es dazu braucht, findet sich in diesem kleinen Büchlein.

Wir wünschen Ihnen eine aufschlussreiche und unterhaltsame Lektüre. Wir wünschen uns Sie als Partner bei Ihrem nächsten Vorhaben. Wir werden Sie nicht enttäuschen.

Dr. Sven Herbert
Geschäftsleitung Herbert Gruppe

Herbert Gruppe
Spezialisten für Gebäudetechnik

Herbert für Privatkunden

Lebensraum Bad © Duravit

© Daikin

© Vaillant Wärme nach Maß

Dienstleistungen

Lüftung- & Klimatechnik © Daikin

Herbert Gruppe ⊞
Spezialisten für Gebäudetechnik

Herbert für Geschäftskunden

Gebäudetechnik

Energie- und Anlagenbau

Technisches Gebäudemanagement

Energiedienstleistungen

So erreichen Sie uns

Helmut Herbert GmbH & Co	(06251) 5960-0	info@herbert.de	Bensheim
Herbert Service GmbH	(06251) 800 85-0	herbert-service@herbert.de	Bensheim
Herbert Technisches Gebäudemanagement GmbH	(06251) 800 85-600	herbert-tgm@herbert.de	Bensheim
Herbert Frankfurt GmbH	(069) 695 37 65-0	herbert-frankfurt@herbert.de	Frankfurt / Main
Herbert Rhein-Neckar GmbH	(0621) 718 98 99-0	herbert-mannheim@herbert.de	Mannheim
Burkhard Reibstein GmbH	(06152) 97 67-0	reibstein-nauheim@reibstein.de	Nauheim
Reibstein Mainz GmbH	(06131) 333 797-0	reibstein-mainz@reibstein.de	Mainz
Bornemann GmbH	(069) 90 55 99-6	info@bornemann-haustechnik.de	Frankfurt / Main

www.herbert.de

Die Gruppenleitung: Familie Herbert

Herbert Gruppe
Spezialisten für Gebäudetechnik

BauWesen
Besonderheit und Dynamik von Bauprojekten

MEHR WERTSCHÄTZUNG

FÜR MENSCHEN DIE BAUEN

Jürgen Lauber | Bernd Hanke

DIE MEINUNG DIE ZÄHLT!

Nicht nur prominente Großprojekte zeigen: Die Komplexität des Bauens wird immer wieder unterschätzt. Dabei bildet der Bauherr stets das oberste Management seines Projektes, indem er es über Beauftragungen führt. Essenziell ist insoweit seine Kenntnis der Projekt-Mechanismen, der Akteure und ihrer teils widersprüchlichen Interessen. Das gilt besonders für unerfahrene Bauherren, die sonst gegenüber den Profis der Auftragnehmerseite schnell ins Hintertreffen geraten. Dieses Buch bietet hierzu einen umfassenden und praxisorientierten Einblick in das Bauwesen. Mit gut nachvollziehbaren Analogien erklärt es auch für Bau-Laien leicht verständlich die wesentlichen Zusammenhänge für das Zusammenspiel zwischen den am Bau Beteiligten. Leicht lesbar geschrieben und humorvoll illustriert, ist das Werk eine Pflichtlektüre für das (Top-) Management unerfahrener Bauherren und eine Bereicherung für erfahrene zugleich.

Dr.-Ing. Patrick Wenzel
Öffentlich bestellter und vereidigter Sachverständiger
für Bauprojektmanagement

VORWORT

Erbauliches

Bauen geht uns alle an. Unser gesamtes Leben sind wir von Bauprojekten und deren Ergebnis in Form von Gebäuden, Verkehrswegen und Plätzen betroffen. Und dies auf höchst unterschiedliche Weise.

Wir können Eigentümer, Nutzer, Mieter, Steuerzahler, Geldanleger, Wähler oder Bauherr sein. Wir können dabei Bauprojekte fordern, fördern, beeinflussen, mitverantworten, bezahlen und darunter leiden. Letzteres dann, wenn wir Anlieger der Baustelle, Autofahrer im Stau oder Eigentümer benachbarter Bauwerke sind.

Der hohen Bedeutung des Bauens für den Einzelnen und die Gesellschaft steht ein geringes öffentliches Bewusstsein, ein geringes Interesse der Presse und Politik gegenüber.

Der Journalismus beschränkt sich auf kurzlebige Skandalberichterstattung, die ein übles Bild des Bauens und der Bauleute zeichnet. Politische Verantwortlichkeit und Konsequenzen wegen völlig ausufernder Bauprojekte sowie enormer Steigerungen der Baukosten gibt es nicht. Mit der Herausgabe dieses Buches will ich dem Trend der Marginalisierung des Thema Bauens entgegenwirken; mit Bildern, Humor und Unterhaltung. So vermittelt dieses Buch jedem Interessierten ein fundiertes, lebendiges Bild, wie Bauprojekte speziell im Kontext des 21. Jahrhunderts ablaufen.

Sie werden klar die Realität des Bauens erkennen. Stellen Sie sich darauf ein! Dann werden Sie und alle Beteiligten mehr Freude am Bauen selbst und den entstanden Bauwerken haben.

Jürgen Lauber

Herausgeber und Autor

1.

DIE AKTEURE, GESTALTER UND HINTERMÄNNER VON BAUPROJEKTEN

Bauprojekte gestalten unser Umfeld bleibend und für alle sichtbar. Sie beinflussen die Sicherheit und das Wohlbefinden von Menschen. Alle können und wollen mitreden. Vor allem geht es beim Bauen um sehr viel Geld. Wer Macht hat oder Macht will möchte da mitmischen.

DER BAUHERR

Er ist die wichtigste Figur im Baugeschehen. Er trägt alle Verantwortung, zahlt alles, hat in der Regel keine praktische Bauerfahrung und ist nicht selbst auf der Baustelle operativ tätig. Er ist der ungekrönte König des Bauprojektes. Dieser großen Machtfülle sind die Einmal- und Gelegenheitsbauherren in der Regel nicht gewachsen. Ihnen ist die Krone zu groß. Sie sitzt auf dem Nasenrücken und verdeckt die Augen. Der normale Bauherr ist derjenige Beteiligte des Bauprojektes mit dem geringsten Durch- und Weitblick. Seine königliche Schatztruhe gibt ihm trügerische Macht. Bei Diskussionen bekommt er auch im Irrtum Recht. Am Ende präsentieren die Bauprofis die Rechnung dafür. Mit Hilfe der Banken ist die Schatztruhe ja bodenlos. Kein Irrtum kann zu groß sein, um es mit dem Hüter der Schatzruhe »Baubudget« zu verscherzen.

DER ARCHITEKT

Er ist der kreative Kopf bei der Gestaltung eines Bauwerks. Er ist eine Art oberster Designer für das Ergebnis eines Bauprojekts. Traditionell ist er auch engster Vertrauter des Bauherrn und Gesamtverantwortlicher für die Realisierung des Bauwerks. Allerdings ist bei großen Bauvorhaben dies oft nicht mehr so. Dort engagiert der Bauherr noch einen Projektmanager bzw. ein Projektsteuerungsunternehmen. Der Architekt verliert dann an Macht und Einfluss auf die Realisierung des Bauwerkes. Dieser Macht- und Einflussverlust ist speziell in Deutschland stark ausgeprägt, stört die Standesorganisationen aber nicht weiter. Die Bezahlung der Architekten ist durch den deutschen Staat geregelt und gesichert. Bei Wohlverhalten erhöht der Staat auch periodisch den Honorartarif und schafft neue Einkommensmöglichkeiten. Da gibt man doch gerne Verantwortung an andere Berufsgruppen ab, solange man die künstlerische Gestaltungshoheit und den schöpferischen Touch weiter ausleben kann.

DER FACHPLANER – INGENIEURE AM BAU

Die Umsetzung des gestalterischen Grunddesigns des Architekten und der Ideen des Bauherrn in konkrete, ausführbare Pläne und Bauaufträge benötigt viel Ingenieursarbeit. Diese übernehmen Fachplaner. Sie sind »Beratende Ingenieure«. Diese Berufsbezeichnung ist geschützt und es gibt analog zu den Architekten auch eine Bundesingenieurkammer. Die Fachplaner sind in einem Bauprojekt für die korrekte Funktion, Stabilität und Sicherheit des entstehenden Gebäudes verantwortlich. Neben dem Planen, Rechnen und Zeichnen gehört das Überprüfen und Koordinieren der Arbeit auf der Baustelle zu den Aufgaben des Fachplaners. Bei Bauprojekten wie Schulgebäuden sind in der Regel drei Arten von Fachplanern beteiligt. Bei komplexeren Gebäuden wie Krankenhäusern können auch doppelt so viele Fachrichtungen einbezogen sein. Die Spezialisierung ist dann sehr ausgeprägt. Dank der rasant zunehmenden »Komplikation des Bauens« sind in Deutschland bei eingetragenen Ingenieuren die »Nebeneinnahmen« für Beratung und Gutachtertätigkeiten so hoch wie für Fachplanungen, die Verantwortung und Haftungsrisiken mit sich bringen.

DIE BAUARBEITER

Sie errichten die Grundstruktur des Gebäudes, inklusive Dach und Fassade. Sie führen auch den Innenausbau aus. Sie arbeiten für Unternehmen, die einen Werkvertrag mit dem Bauherrn geschlossen haben. Sie müssen ihm eine vordefinierte Leistung bei der Realisierung eines Gebäudes zu einem vereinbarten Preis erbringen. Als (Werk-)Auftragnehmer »schulden« sie dem Bauherrn den »Erfolg« ihrer Arbeit. Aussteigen oder pausieren geht nicht. Die Bauarbeiter müssen ihre vertraglich geschuldete Leistung gegen alle Widrigkeiten der Baustelle im Termin erbringen. Auf einer Baustelle findet sich oft ein Europa auf engstem Raum wieder. Die Teilgewerke werden von Bautrupps unterschiedlicher Herkunftsländer realisiert. Am unteren Ende der Wertskala stehen für den Rohbau Arbeiter aus den ärmsten osteuropäischen EU-Ländern. Die sprachliche, kulturelle und fachliche Vielfalt, speziell der deutschen Baustellen, ist vorbildlich. Alle leben und arbeiten friedvoll nebeneinander.

DER GEBÄUDEAUSRÜSTER

Die Gebäudeausrüster installieren Elektrotechnik, Heizung, Lüftung, Sicherheitsausrüstung, Klima- und Sanitäranlagen eines Gebäudes. Als (Werks-)Auftragnehmer »schulden« auch sie dem Bauherrn die vertraglich vereinbarte Leistung. Diese Vereinbarungen können den Umfang von mehreren Aktenordnern haben. Die praktische Relevanz und der inhaltliche Wert dieses Papierberges ist in der Regel sehr bescheiden. Eine Zeichnung und ein DIN A4-Blatt würden es auch tun. Das spezielle Eigenleben und isolierte Arbeiten der beteiligten Planer, Sachverständigen und Architekten kann für Gebäudeausrüster enorme schöpferische Freiheitsgrade oder aber auch Unsicherheiten bei der Baurealisierung bringen. Diese Freiheiten müssen sie selbst füllen, wenn sie im Termin- und Kostenrahmen fertig werden wollen. Die hohe Komplexität im deutschen Bauwesen sorgt für ein ständig wachsendes Geschäftsvolumen bei Neubau und Wartung. Der Bedarf an deutsch sprechendem und fachlich ausgebildeten Service- sowie Montagepersonal steigt permanent. Ausreichender Nachwuchs fehlt.

DER GENERALUNTERNEHMER (GU)

Will ein Bauherr etwas »schlüsselfertig« haben und sich nicht selbst mit der Realisierung des Bauwerks befassen, wendet er sich an einen Generalunternehmer. Der Bauherr bekommt für einen festen Betrag genau das Gebäude, welches er bei Vertragsunterzeichnung beschrieben hat. Die Beschreibung des Bauwerks kann dabei sehr pauschal nur fünf DIN A4-Blätter ausmachen oder auch über Tausende von Seiten mit mehreren Aktenordnern gehen. Der GU ist meisterlich darin, die Vorgabe des Bauherrn im Sinne minimaler Baukosten umzusetzen. Dazu muss er auch zügig und termingerecht bauen. Von der Fähigkeit, die auflaufenden Kosten der Baurealisierung zu drücken, hängt sein Gewinn oder auch Verlust ab. Beim Bauen in Deutschland wird der GU meist nur als rücksichtslose Kostenwalze empfunden. In Ländern mit bekannt hoher Effizienz und Berechenbarkeit beim Bauen und beim Betrieb von Gebäuden wird viel mehr mit Generalunternehmern gebaut als in Deutschland (z. B. in Singapur, Hongkong). Dort wird das hohe Effizienz – und Qualitätspotential besser genutzt, das sich bietet, wenn Ausführungsplanung, Realisierung und Projektmanagement in der Hand eines eingespielten Teams liegen, das einen guten Ruf zu verlieren hat. In Deutschland ist der Generalunternehmer sehr stark im privaten Wohnungsbau verbreitet.

DER PROJEKTMANAGER

Projektmanager sind vom Bauherrn als Berater und Helfer eingestellt. Durch sie kann der Bauherr seinen Mangel an Kompetenz, Erfahrung und Zeit kompensieren. Ein guter Projektmanager, frühzeitig involviert, kann dem Bauherren helfen ein schiefes Bauprojekt zu vermeiden. Kann er einen zügigen, sicheren Projektverlauf und Baustellenbetrieb gewährleisten, bringt das allen Beteiligten Kostenvorteile. Oft kommen Projektmanager erst im späteren Verlauf eines Bauprojekts zum Einsatz. Dann sollen sie die irrealen Vorstellungen des Bauherrn bezüglich Termin und Kosten mit Härte und der hohen Kunst des Projektmanagements durchsetzen. Dafür werden sie sehr gut bezahlt. Die besten Leute sind für diese Aufgabe gerade gut genug. Wenn schon etwas Unmögliches versucht werden soll, dann doch bitte mit höchster Professionalität und Nachdruck. Nichts soll unversucht bleiben.

Der Gesetzgeber kennt die Figur des Projektmanagers nicht. Projektmanager sind meist bauerfahrene Fachleute. Es gibt Hunderte von Unternehmen in Deutschland, welche die Dienstleistung »Management von Bauprojekten« anbieten. Die Branche dafür heißt »Projektsteuerer«. Sie wächst sehr stark.

DER FACHANWALT FÜR BAU- UND ARCHITEKTENRECHT

Fachanwälte spielen immer eine wichtige Rolle beim Bauen. Es sind große Summen im Spiel und es können viele Fehler geschehen. Es gibt zahlreiche Gesetze, die im Bauwesen eine Rolle spielen. Diese und die daraus abgeleiteten Verordnungen sind sehr umfangreich. Guter und fachkompetenter Rat ist sinnvoll zum Selbstschutz. Die hohe Zunahme der Fachanwälte ist jedoch ein Anzeichen für die Ausprägung des schlechten Bauwesens.

Anwälte und Richter sind für Bauherren das Mittel, um auch unbegründete und überzogene Forderungen durchzusetzen.

Es liegt in der Natur des Bauens, dass alle Beteiligten Fehler machen. Damit gibt es von allen Beteiligten immer Ansatzpunkte für die rechtliche Aufarbeitung von Bauprojekten. Die Zahl der auf Bau- und Architektenrecht spezialisierten Anwälte stieg von 2007 bis 2014 von 1192 auf 2580 (Quelle: Bundesrechtsanwaltskammer). Das ist mehr als eine Verdoppelung. Während die Branche der Baufachanwälte boomt, geht es dem einzelnen Anwalt eher schlechter. Die Komplexität des Bauens in Deutschland macht bei gleichem Streitwert die Verfahren immer zeitaufwändiger und langwieriger. Bei den pauschalisierten Honorarsätzen sinkt damit der Stundenlohn.

Die Nebenrollen

DER GUTACHTER UND
SACHVERSTÄNDIGE

Die steigende Komplexität der Bauwerke, ausufernde Werkverträge mit vielen geforderten Normen und Vorschriften stehen für die Komplikation des Bauens an sich. Hinzu kommen noch anspruchsvoller werdende Nutzer/Mieter und immer ängstlichere Entscheider. Das lässt auch den Bedarf an Sachverständigen steigen. Insider, wie der bekannte deutsche Stararchitekt Meinhard von Gerkan, beschreiben dieses Phänomen als »Expertitis«.

Diese Experten sollen einerseits aufzeigen, wie die umfangreichen gesetzlichen Vorgaben bei einem Bauwerk eingehalten werden können. Andererseits sollen sie bei fertigen Bauwerken beurteilen, wie deren Qualität ist und wer Schuld an Fehlern bzw. Problemen hat.

Wie die parlamentarischen Untersuchungsausschüsse am Beispiel der Elbphilharmonie Hamburg oder auch des NRW-Landesarchives im Duisburger Hafen zeigen, bringt selbst der massive Einsatz von Fachkompetenz in Form vieler Sachverständiger keine Klarheit, warum ein Bau vier bis sechs Mal teurer wurde als budgetiert. Je mehr Experten, desto mehr Verwirrung entsteht oft. Die Widersprüche häufen sich und die Tiefe der Details ist nicht mehr nachvollziehbar. Irgendwann verlieren die Auftraggeber die Lust an Nachforschungen und am Streiten. Der Fall wird ad acta gelegt.

DER ELITEBÜRGER

Elitebürger sind herausragende Persönlichkeiten mit hohem lokalem Einfluss und von großer Bedeutung. Sie treten gern als Gönner und selbstlose Sponsoren für gemeinnützige Projekte auf. Sie haben meist einen guten Draht zur lokalen Presse und können damit Politiker jeglicher Partei unter Druck setzen. Vielfach sind diese verdeckten Promotoren hinter Bauprojekten selbst stark im Immobiliengeschäft involviert, also ausgemachte Immobilienprofis. Elitebürger sorgen gerne mit der Gründung von Fördervereinen und mit Schenkungen dafür, dass Bauprojekte genau in ihrem Sinne gestartet und dann auch mit den grenzenlosen Mitteln der Steuerkasse im höchsten Ausbaustandard zu Lasten der Bürger realisiert werden.

DIE POLITIKER

Er will eigentlich nur Gutes tun und genug Stimmen sammeln, um wiedergewählt zu werden. Im Tagesgeschäft ist er von allen Seiten unter Druck. Auch die politischen Gegner versuchen, sich mit publikumswirksamen Rufen nach eindrucksvollen öffentlichen Baumaßnahmen zu profilieren. Wenige Wählerstimmen entscheiden an der Urne über Macht, über weitere Karriere oder sofortigen Absturz des Politikers. Deshalb soll niemand verprellt und keine Interessengruppe vergessen werden. Elitebürger machen über Bürgervereine und Initiativen Druck, um ihre wirtschaftlichen Interessen durchzusetzen und ihre individuellen Vorstellungen von Bauwerken realisiert zu sehen. Der normale Bürger und Politiker versteht das Bauwesen nicht. Er kann nicht dagegenhalten. So beginnen ausufernde öffentliche Projekte.

Die Hintermänner

DER LIEGENSCHAFTSBEAMTE
UND -ANGESTELLTE

Beamte und Angestellte verwalten die Infrastruktur der Kommunen, der Länder und des Bundes. Damit tragen sie die Verantwortung für den Bau, den Betrieb und den Erhalt von Schulen, Museen, Behörden und Sportstätten. In dieser Rolle könnten sie viel Gutes für die Allgemeinheit leisten. Leider sind sie in der Handlungsfähigkeit durch ein Dickicht von Vorschriften, Gesetzen und Kompetenzverteilung gefesselt. Zudem sind sie immer dem Pauschalverdacht der Bestechung oder Vorteilsnahme ausgesetzt. Statt dem Prinzip von Vertrauen und Kontrolle zu folgen, wird allen Mitarbeitern des öffentlichen Bauwesens Bestechlichkeit unterstellt. Die Verwaltung versucht mit viel Aufwand, die Möglichkeit von Bestechung völlig auszuschließen. Das ist zwar erfolglos, aber nicht folgenlos. Die Angst vor Bestechlichkeitsvorwürfen lähmt alle. Im öffentlichen Bauwesen trifft dann der »Amtsschimmel« die Entscheidung. Um nicht angreifbar zu sein, werden zur eigenen Absicherung externe Sachverständige, Fachanwälte und andere Spezialisten in großer Zahl involviert. Im Zweifelsfall zeigt man gegenüber Bauauftragnehmern unnachgiebige Härte bei der Durchsetzung jedweder denkbaren Ansprüche. So macht man sich über jeden Verdacht erhaben – und so ruiniert sich das öffentliche Bauwesen selbst.

Die Hintermänner

DER HERSTELLER VON
GEBÄUDEPRODUKTEN

Hersteller sind meist sehr kapitalstarke, hoch profitable und gut organisierte international tätige Unternehmen. Sie versuchen, über politische Lobbyarbeit, Sponsoring für Normungsarbeit und intensive Bearbeitung der Hauptakteure möglichst viel vom Wert eines Bauwerks für sich zu gewinnen. Wenn Bauen und damit Bauwerke teurer werden, haben die Hersteller automatisch Wachstum.

Sie versuchen ganz legitim, ihre industriellen Fabriken auszulasten. Sie haben einen sehr hohen Einfluss auf das Bauwesen, weil der Staat, um zu sparen, seine hoheitlichen und gestalterischen Aufgaben faktisch an Gremien, Verbände und Fachleute delegiert, die wiederum von Herstellern finanziert werden. Jemand muss ja etwas tun. So springen die Hersteller nur helfend ein. Nebenbei sorgen die Hersteller bei ihrer Hilfe dafür, dass bauen immer komplizierter wird und die Markttransparenz sinkt. Wenn ein Fachplaner ohne Hilfe des Herstellers gar nicht mehr eine Ausschreibung für ein gegebenes Bauprojekt machen kann, ist der Wettbewerb erfolgreich ausgeschaltet. Dann ist neben Umsatzvolumen auch noch die Gewinnmarge sehr hoch.

DER FINANZIER – DER BANKER

Das ist die heimliche Hand des Bauens. Der einzige Projektbeteiligte, der an das Baubudget glauben muss. Für ihn muss mit viel Papier das Unvorhersehbare ausgepreist und das Unvermeidliche verschwiegen werden. Erst wenn der Finanzier zufrieden ist und grünes Licht gibt, kann das Bauprojekt den Punkt ohne Wiederkehr (Point of No Return) überschreiten. Dann können Bauverträge geschlossen werden, die kein Zurück mehr erlauben.

Wenn nach Spatenstich die Rechnungen auflaufen und der Kreditrahmen sich erschöpft, kommen die Sternstunden der Finanziers. Ungeplante Teuerungen brauchen Nachkredite und steigern damit das Finanzierungsrisiko. Die Zinsen werden entsprechend angehoben. Bei gewerblichen Bauherren beginnt die bislang glänzende Wirtschaftlichkeit des Bauprojektes zu verblassen. Die Nervosität und damit der Druck auf eine schnelle Bauabnahme steigen. Der Finanzier will einfach schnell das Bauprojekt abschließen. Er lässt alle Arbeiten für beendet erklären. Die Betriebsphase kann beginnen. Und wenn schon das Budget und der Terminplan nicht eingehalten wurden, so muss jetzt gezeigt werden, dass die betriebliche Profitabilität wie vorhergesagt vorhanden ist; sonst würden die Kredite ernsthaft wackeln. Nun sorgt der Finanzier dafür, dass an dem Neubau nicht mehr gearbeitet wird. Energetische Optimierung kostet heute viel und spart erst später. Es wird gestrichen. Alle weiteren Arbeiten werden nur gemacht, wenn Nutzer/Mieter ernsthaft drohen. Ist die Rentabilität zu tief, lässt der Finanzier den Facility Manager feuern. Der Bauherr ist ja so lange nach erklärtem Projektende nicht mehr greifbar. Wenn alle Stricke reißen muss der Finanzier das Bauwerk eben selbst als Eigentümer übernehmen. Dessen Kapital ist dann weg. Nach der Wertberichtung ist die Bilanz wieder für Käufer attraktiv.

DER FACILITY MANAGER –
DER GEBÄUDEBETREIBER

Das ist der wichtigste Akteur für das Gebäude und seine Nutzer. Und es ist gleichzeitig der Akteur mit dem geringsten Einfluss auf das Design und die Realisierung eines Bauwerks. Dieser Akteur ist im Baugeschehen gar nicht gerne gesehen. Im Bauprojekt ist jeder schon genug mit sich selbst, dem Planen und dem Baustellenbetrieb beschäftigt. Keine Zeit, sich um das Danach zu kümmern. Die Interessen und Anliegen der späteren Nutzer und Betreiber sind beim Bauprojekt eher ein Störfaktor.

Sie sind gefürchtete Auslöser von höheren Kosten, von Zeitverzug und von noch mehr Komplexität.

Hat der Eigentümer später keine eigenen Leute, um seine Gebäude zu betreiben, kann er diese Arbeit als Auftrag vergeben. Es gibt in Deutschland vier Millionen Menschen, die in der Facility-Management-Branche arbeiten. Diese Branche macht einen Umsatz von 176 Mrd. Euro pro Jahr (Quelle: GEFMA 2014). Sie besteht aus hoch professionellen, effizienten Dienstleistungsfirmen, die sich gerne jedes Gebäudes annehmen, sobald die Bautrupps abziehen und die Fachplaner sowie der Architekt schon an den nächsten Bauwerken arbeiten.

Je höher der Aufwand für den Betrieb von Gebäuden, desto stärker steigt der Umsatz der Facility-Management-Branche. Wenn zu viel, zu groß und zu schlecht gebaut wird, sollte dies eigentlich zu nachhaltigem Wachstum (Steigerung des Bruttoinlandprodukts, BIP) führen. In der Realität ist dem nicht so. Denn im Gebäudebetrieb wird dann einfach an der Leistung gespart und an der Lohnschraube gedreht. Welcher Nutzer merkt denn schon, wenn bei hohem Zeit- und Leistungsdruck die Putzkolonne die Toilette und den Tisch mit dem gleichen Tuch putzt? Mahlzeit!

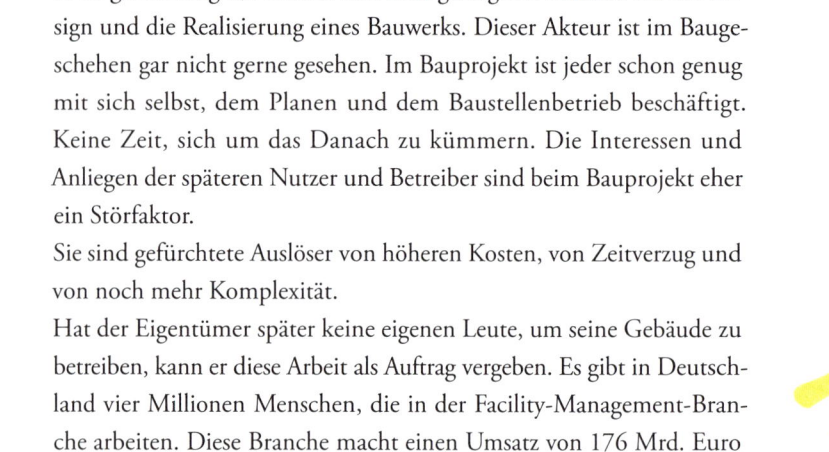

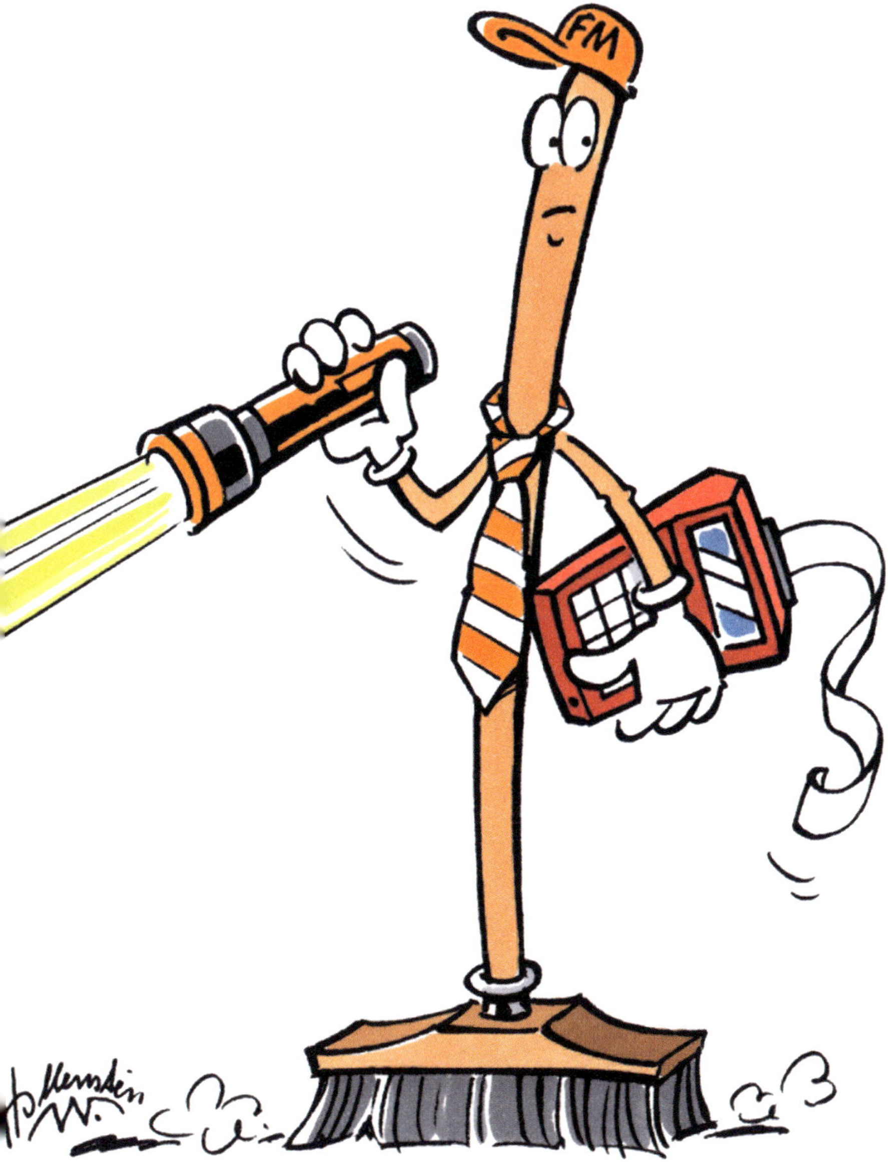
FM

2.

PRODUKTION EINES BAUWERKES MIT EINEM EINWEGUNTERNEHMEN

Ein Einwegunternehmen ist eine temporäre rechtliche und organisatorische Konstruktion zur Realisierung eines einzigartigen Produktes. Das Produkt ist bei der Gründung noch nicht klar definiert. Sie finden sich in der Rolle des Chefs dieser Unternehmung wieder. Wir nennen es hier BauUnternehmung.

Durch Zufall haben Sie sogar schon einen Designer (Architekten) gefunden, der Ihre Ideen gut auf Papier umgesetzt hat und Ihnen günstige Herstellkosten in Aussicht stellt. Dieser hat wahrscheinlich auch gute Konstrukteure (Fachplaner) bei der Hand. Es ist beruhigend für Sie, dass die gesamten Entwicklungskosten Ihres Unikats nur bei 20 Prozent liegen werden. Dieser Satz ist in Deutschland sogar gesetzlich in der Honorarordnung für Architekten und Ingenieure (HOAI) festgelegt.

Nun haben Sie ein erstes Design und eine grobe Spezifikation Ihres Produkts. Alles ist noch etwas vage und unvollständig. Erst später werden Sie mehr über die Funktion und die Details Ihres Produkts sagen können. Sie wollen sich eigentlich noch nicht so stark festlegen. Sie sind begeistert, motiviert und wollen loslegen. Sie möchten keine Zeit verlieren, die noch fehlende Erkenntnis kommt während des Tuns. Das sagt ein kluges Sprichwort.

Zur Finanzierung der Herstellungskosten Ihres Produkts haben Sie sich bei der Bank hoch verschuldet. All Ihren Freunden und Bekannten haben Sie schon stolz das Produktdesign gezeigt. Die wollen gleich wissen, wann es denn fertig sei. Sie wollen sich keine Blöße geben und nennen mit selbstsicherer Miene einen Termin, der Ihre Freunde beeindruckt.
Damit ist das Ziel für Ihre Entwicklungsmannschaft und für künftige Produktionsmitarbeiter definiert. Sie müssen das nur noch gut kommunizieren. Nichts ist unmöglich!
Mit guten Leuten in der BauUnternehmung wird der Termin schon einzuhalten sein.

Da Sie selbst niemanden kennen, vervollständigt der Designer Ihres Produkts das Entwicklungsteam für Sie. Dieses Team wird er in Ihrem Namen und Auftrag führen. Er hat schon mehrmals tolle Designs realisiert und scheint es gut zu machen. Zudem ist er ein sehr umgänglicher, netter Mensch. Er ist sicher genauso gewissenhaft wie kreativ. Deshalb schlägt er Ihnen vor, einen Konstruktionsleiter (Gesamtplaner) zu nehmen, der dann später seine spezialisierten Konstruktionsmitarbeiter suchen wird.

Die Führungscrew Ihrer im Aufbau befindlichen BauUnternehmung gefällt Ihnen. Schade nur, dass Sie die Leute nur einmal brauchen. Das Produkt, das Sie sich vorstellen, muss nur einmal entwickelt werden. Sonst wäre es nicht einzigartig.

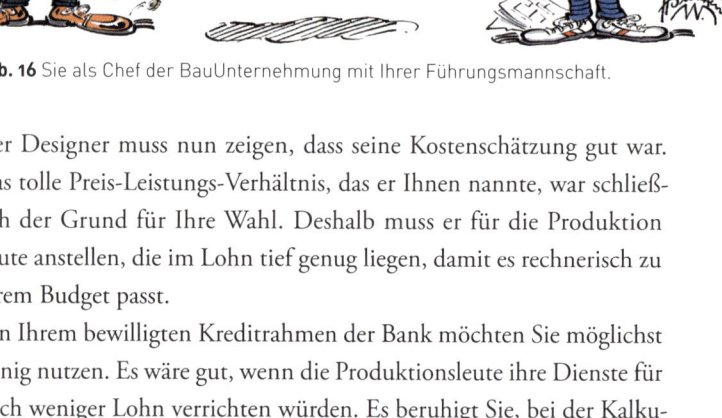

Abb. 16 Sie als Chef der BauUnternehmung mit Ihrer Führungsmannschaft.

Der Designer muss nun zeigen, dass seine Kostenschätzung gut war. Das tolle Preis-Leistungs-Verhältnis, das er Ihnen nannte, war schließlich der Grund für Ihre Wahl. Deshalb muss er für die Produktion Leute anstellen, die im Lohn tief genug liegen, damit es rechnerisch zu Ihrem Budget passt.

Von Ihrem bewilligten Kreditrahmen der Bank möchten Sie möglichst wenig nutzen. Es wäre gut, wenn die Produktionsleute ihre Dienste für noch weniger Lohn verrichten würden. Es beruhigt Sie, bei der Kalkulation möglichst viel Reserve zu haben.

Deshalb geben Sie dem Designer die Vorgabe, die Produktionsmitarbeiter nach den niedrigsten Löhnen und die Lieferanten nach dem

Prinzip des niedrigsten Angebots auszuwählen. Bei Materialien und Arbeitskräften möchten Sie den Markt für sich spielen lassen. Sie sind doch nicht blöd!

Um sicherzugehen, dass trotzdem alles gut wird, lassen Sie ausgefeilte und umfangreiche Verträge mit jedem Auftragnehmer erstellen. Dazu ist viel Papier nötig. Obwohl Sie Ihr Produkt immer noch nicht vollständig, nicht fehlerfrei und auch nicht endgültig beschreiben können, haben Sie nun schon einen Berg aus Ordnern gefüllt mit Tausenden von Seiten. Für satte 250 Euro pro Stunde hat Ihr Anwalt diese für Sie durchgearbeitet und einige Hebel gegen aufmüpfige Auftragnehmer eingebaut. Der Mann ist sicher sein Geld wert. Sie werden ihn engagieren, bis Ihr Produkt fertig und Ihre Unternehmung ihren Zweck erfüllt hat.

Bei unserem Gedankenspiel mit Ihnen als Chef einer Unternehmung sind wir nun exakt in der Situation, in welcher der Bauherr den Spatenstich macht. Von nun an werden Sie laufend hohe Rechnungen bekommen. Ihr Unikat ist nun in der »Einmal-Produktion«. Es gibt kein Zurück mehr. Alle erwarten nun, zum angekündigten Termin ein bezugsfähiges Gebäude zu sehen.
Dass Ihre Produktionshalle kein Dach hat und unbeheizt ist, interessiert niemanden. Schlechtes Wetter als Erklärung für Terminverzug würde nur als Ablenkung von Ihrem Versagen als Chef der BauUnternehmung gewertet.

Von jetzt an sind Sie als Chef und Bauherr in einer völlig neuen Situation. Vor der Auftragsvergabe hatten Sie alle Macht und Freiheit. Nun, da Sie sich auf Ihr Entwicklungs- und Produktionsteam festgelegt haben, sind Sie machtlos und von anderen abhängig. Die Verträge, die Sie abgeschlossen haben, sind eine Besonderheit, die Ihnen Ihr Anwalt nicht genau erklärt hat. Es handelt sich nicht um normale Arbeitsverträge. Es sind Werkverträge. Bis Ihr Produkt fertig ist, müssen alle zusammenbleiben. Keiner kann mehr aus der gemeinsamen Unternehmung raus. Wenn jemand bankrott geht und bei Ihnen ausscheidet müssen Sie gegenüber allen anderen Ihrer Auftragnehmer für die finanziellen und terminlichen Folgen gerade stehen. Dann heißt es, die Lücke in Ihrer Unternehmensorganisation wieder aufzufüllen. Lange suchen und verhandeln geht dann nicht mehr. Sie müssen froh sein, jemanden zu finden, der gerade nicht genug zu tun hat. Unter den neuen Umständen und mit neuen Terminplänen werden zahlreiche (Knebel-) Verträge Ihres Anwaltes weitgehend wirkungslos.

Abb. 17 Ihre Produktionsumgebung ist eingerichtet. Es kann losgehen. An alle Eventualitäten ist gedacht.

Sie müssen ab jetzt auf die Motivation, die Zuverlässigkeit und das Qualitätsbewusstsein derjenigen Arbeiter und Lieferanten vertrauen, die jemand anderes für Sie nach dem Kriterium des niedrigsten Angebots ausgewählt hat.

Jeder Auftragnehmer in Ihrem Projekt kann nun nach Belieben seine Spielräume ausnutzen. Er kann aus »gutem Grund« mit seiner Leistung eine gewisse Zeit in Verzug kommen und Materialien einsetzen, die er als »gleichwertig« ansieht. Sie müssen das tolerieren, das sagt Ihnen auch Ihr Anwalt. Sie beginnen nun, etwas schlechter zu schlafen. Sollten nun mehrere Auftragnehmer Ihre Spielräume nutzen, wird sich die Bauzeit enorm verlängern und die Herstellungskosten werden folglich beachtlich steigen. Sie sollten auch bald mit der Tilgung der Kredite beginnen.

Abb. 18 Das Organisationsbild und die Firmenhierarchie Ihrer BauUnternehmung in der Bau-Produktionsphase. Sie sind der Top-Mann.

Je länger die Produktion läuft, desto abhängiger werden Sie. Alle Auftragnehmer, die Ihr Designer für Sie nach dem »Billiganbieter-Prinzip« ausgewählt hat, sind sich dessen durchaus bewusst. Um immer neue Forderungen durchzusetzen, beginnen einige von ihnen, diese Lage auszunutzen. Die Unwilligen auf der Baustelle finden plötzlich überall offene Punkte, Behinderungen und gute Gründe für Verzögerungen. Ihr Anwalt gibt Ihnen in dieser kritischen Situation zwar gute Ratschläge und schreibt kostspielige Briefe. Er kann Ihnen aber nicht helfen, Ihre Ziele rechtzeitig zu erreichen. Termine werden immer wieder verschoben. Sie sind verzweifelt. Die eingehenden Rechnungen sind viel höher als erwartet. Es werden mehr Arbeitsstunden benötigt. Ihre erhofften Finanzierungsreserven sind schon aufgebraucht und der Bau nicht einmal zur Hälfte fertig. Sie brauchen von der Bank einen weiteren Kredit.

Wie geht es in der Praxis nun weiter?

Wenn ein Bauherr mehrfach Termine verschieben muss und die Kosten weit über dem Budget liegen, wird nach einer Lösung gesucht. Der Architekt und seine verbundenen Ingenieurbüros (Planer) können die missliche Lage für den Bauherrn nicht verhindern. Nun braucht der Bauherr zur Rettung einen renommierten Bauprojektmanager oder noch besser: ein ganzes darauf spezialisiertes Unternehmen an seiner Seite. Diese weitere Instanz wird Bau-Projektsteurer (Projektmanager) genannt. Auf der Website (www.dvpev.de) des Branchenverbandes DVP e. V. sind 250 Mitglieder aufgeführt. Das Steuern und Managen von Bauprojekten als Helfer überforderter und verzweifelter Bauherren ist eine Wachstumsbranche. Nach den Recherchen eines großen deutschen Baukonzerns gab es im Jahr 1995 40 Projektsteuerungsunternehmen mit jeweils mehr als 20 Mio. Euro Jahresumsatz. Bis 2010 stieg die Zahl dieser großen Projektsteuerungsunternehmen um 25 Prozent. Das Umsatzvolumen des deutschen Bauhauptgewerbes ging in der gleichen Zeit um 30 Prozent zurück. Entweder sind die Bauherren viel »blinder« geworden oder die Komplikation des Bauens macht Projekte immer konfliktträchtiger.

Abb. 19 Die Position des Projektmanagers (Blindenhund) in der Firmenhierarchie der BauUnternehmung. In angelsächsischen Unternehmen heißt diese Position, die einem überforderten CEO hilft, COO, d. h. Chief Operation Officer.

Die Projektsteuerer sind Berater, die der Bauherr zu seiner Rettung hinzuzieht, da er seine normalen Berater (Architekten/Planer) für nicht kompetent genug hält, um Zieltermine und Budgetkosten einzuhalten.

Ist ein Projekt bei Budget und Terminen schon in Verzug, können die neuen Berater die verlorene Zeit natürlich nicht mehr aufholen. Auch das geplante Zielbudget kann der Bauherr vergessen. Aber gute Projektsteuerer schaffen es, für den Bauherrn noch Schlimmeres zu verhindern. Der Bauherr zeigt mit dem Hinzuziehen eines Krisenspezialisten, dass er an der Lösung der Probleme arbeitet. Dies beruhigt auch die Bank oder bei öffentlichen Bauvorhaben die Wähler.

Die nachfolgende Meinung eines sehr erfahrenen und renommierten Architekten zeigt die »spannende« Rolle der Berufsgruppe Projektsteuerer im Bauprojekt: *»Vielleicht sind Sie ja auch bereits bei Ihren Recherchen über Projektsteuerer auf den Unterschied zwischen einem Zitronenfalter und einem Projektsteuerer gestoßen.*

Falls nicht, so kann Ihnen jeder Architekt und Ingenieur in unserem Land und vielleicht darüber hinaus die Antwort darauf geben. Denn es gibt keinen Unterschied: So wenig der Zitronenfalter Zitronen faltet, so wenig steuert ein Projektsteuerer ein Projekt.«

Was hat der Chef unserer BauUnternehmung falsch gemacht?

Der Bauherr hat den klassischen Fehler des Bauens begangen. Er hat nach minimalem Angebotspreis optimiert und ist nicht seinem gesunden Menschenverstand und Fairnessempfinden gefolgt. Dieses Fehlerprofil ist trivial und bekannt. Beim Bauen in Deutschland ist es fast zur Norm geworden. Die wachsende Zahl der Projektsteuerer und Spezialanwälte ist ein guter Indikator dafür. Es handelt sich um einen Fehler, aus dem man jedoch nicht klug wird. Auch erfahrene Bauherren begehen ihn immer wieder aufs Neue.

Ein gutgläubiger, unerfahrener Bauherr hat womöglich die Vorstellung, dass über einen Bieterwettbewerb nach niedrigstem Angebotspreis ein leistungsfähiges Unternehmen gefunden werden kann. Er übersieht dabei, dass im Baugeschäft primär eine Dienstleistung erbracht wird, wie Kochen im Restaurant, ärztliche Behandlung oder schulische/berufliche Ausbildung. Sogar noch schlimmer, der Bauherr bestimmt das Rezept, die Therapie bzw. den Lehrplan.

Die Idee, einen Dienstleister nur über den niedrigsten Angebotspreis auszuwählen, gilt in den genannten Bereichen als absurd. Bei Bauprojekten ist dies die gängige Praxis. Die Öffentliche Hand geht dort besonders konsequent vor. Deren »Erfolge« damit werden national und international regelmäßig in der Presse thematisiert.

Was sind das eigentlich für Firmen, welche die Bieterwettbewerbe bei Bauprojekten für sich entscheiden? Wer »gewinnt« das Rennen um den niedrigsten Angebotspreis für eine durch Planer/Architekten erstellte Leistungsbeschreibung?

Da gibt es häufig den Typ des Auftragnehmers, der in wirtschaftlichen Schwierigkeiten steckt und dringend Aufträge braucht, damit es irgendwie weitergeht. Der will um jeden Preis in das neue Bauprojekt einsteigen. Der macht Ihnen jeden beliebig tiefen Preis.

Wenn Sie so jemanden in Ihre Entwicklungs- und Produktionsmannschaft aufnehmen, ergeben sich drei Szenarien:

1. Der Auftragnehmer bekommt zwischenzeitlich gute Aufträge mit viel Marge. Das aktuelle Projekt wird zur Last und bekommt letzte Priorität.

2. Das Unternehmen wird für den Baufortschritt so wichtig, dass es einfach nicht mehr bankrottgehen darf. Der Bauherr hilft dann sogar bei der Liquidität aus. Ein Bauunternehmen, das in finanzieller Not ist, gewinnt so Zeit.

3. Man hat sich mit dem schlechten Auftrag nun endgültig ruiniert und geht während des Projekts pleite. Nun muss schnell jemand einspringen.

Alle drei Szenarien bringen für den Bauherrn und sein Bauprojekt mehr Kosten, mehr Zeitverlust und mehr Qualitätsrisiken.

Bei den zwei großen öffentlichen Bauprojekten, die völlig ausufern (der Berliner Flughafen und die neue BND-Zentrale in Berlin), gingen sogar die Generalplaner im Laufe des Projekts pleite. Dass der Führung von Bauprojekten das Geld ausgeht wird immer wahrscheinlicher, weil auch die Planungsleistung oft unter enormem Preisdruck an das niedrigste Gebot vergeben wird. Professionelle Bauherren und die öffentliche Hand finden immer einen Weg die gesetzliche Honorarordnung auszuhebeln.

Viele Auftragnehmer, die ihre Geschäfte hauptsächlich über den niedrigsten Angebotspreis gewinnen, sind spezialisierte Billiganbieter für Bauleistungen mit einer unsichtbaren Luxusabteilung unter dem gleichen Dach. Es handelt sich hierbei um professionelle, stabile und wirtschaftlich sehr erfolgreiche Firmen. Sie erstellen für die vorliegende Ausschreibung einer »Dienstleistung« ein Billigstangebot, wohl wissend, dass beim Bauen zwischen dem Angebotspreis vor dem Spatenstich und der Abrechnungssumme nach Bauabnahme ein Vielfaches liegen kann. Für Änderungen des Planes und für jede Ergänzung der Bauleistung berechnen sie dann die Preise der Luxusabteilung. Für die größeren Baufirmen ist nicht die Kompetenz der Baufachleute vital, sondern die Fähigkeit des eigenen Fachanwaltes für Baurecht, Lücken und Fehler in Ausschreibungen zu erkennen.

Manche kalkulieren auch ein hohes Wartungs- und Ersatzteilgeschäft während des gesamten Lebenszyklus des Gebäudes mit ein. Sie können ihre Einnahmen nach der Bauabnahme nach oben steuern, indem sie darüber entscheiden, was sie in das Gebäude einbauen. Weiß ein Anbieter, dass der Bauherr bei den Planern an der falschen Stelle gespart hat, kann er sich sogar erlauben Leistungen einfach weg zu lassen.

Die Unternehmen, welche mit Billigstangeboten bei Ausschreibungen agieren, sind vergleichbar mit den Illusionisten in Las Vegas. Sie zeigen etwas, das nicht sein kann und nicht ist. Und dennoch wünschen sich alle Beteiligten, es wäre möglich und möchten daran glauben.

Diese Unternehmen befriedigen perfekt die Bedürfnisse von Bauherren, die sich selbst durch ein Bauprojekt profilieren müssen bzw. wollen. Die Billiganbieter verhalten sich merkwürdig. Sie handeln aber völlig marktkonform und damit erfolgreich. Die Redlichkeit spielt beim Bauen speziell in Deutschland eine Nebenrolle.

Und Politiker sind für Billiganbieter die idealen Bauherren. Politiker brauchen Budgetangebote, die niedrig genug sind, um ein imageträchtiges und lokal wirtschaftsförderndes Projekt vom »Volk« genehmigt zu bekommen.

Als Unternehmenslenker möchten sie sich ein Denkmal setzen. Die Aktionäre und Mitarbeiter wollen das Budget für ein Denkmal aber nicht genehmigen.

Als Wunschdenker begehren sie mehr, als sie bereit sind zu bezahlen. Die Einen verdrängen diese Tatsache. Die Anderen, die Schlaumeier, denken, dass andere mit Verlust für sie arbeiten würden.

Abb. 20 Alle Anbieter helfen mit Billigangeboten mit, das Preisschild am Gebäude unwiderstehlich tiefzustapeln. Mit strahlenden Baumodellen und tiefen Budgets segnen die Gremien das Projekt ab. Die Freigabe ist erreicht. Es kann losgehen.

Für den Rohbau reicht das Budget aus. Wenn dieser steht, wird in Deutschland fast jedes Bauprojekt auch zu Ende geführt, unabhängig vom Preis.

Es findet sich immer jemand, der bereit ist weiteres Geld zu investieren. Ein Grundstück und ein Rohbau sind schließlich als Sicherheit bereits vorhanden. Nur das Eigenkapital des Bauherrn könnte verloren sein, falls seine Kreditwürdigkeit nicht groß genug ist. Bei den Top-Unternehmen, Staat und Kirche, besteht somit keine Gefahr.

Die preisorientierte Auswahl des Lieferanten ist eine gute Strategie, wenn Produkte oder Service klar definiert und gut prüfbar sind. Bei Gebäuden ist dies bei den großen Handelsketten am ehesten der Fall. Diese Gebäude sind keine Unikate. Es sind optimierte Serienprodukte, eine Art »begehbare Verkaufsautomaten«. Alleine Lidl hat in Europa fast 10.000 dieser Verkaufsautomaten in Betrieb. Als Bauherren und Nutzer sind solche großen Handelsketten sehr kompetent. Als Sub-Sublieferant von Lidl, Saturn, Media Markt, Netto etc. durfte ich das aus erster Hand erleben. Die Bau-Ausführenden stehen in einem wirklichen Effizienz- und Qualitätswettbewerb zueinander und das ganze Projekt ist auf Effizienz und Termintreue optimiert. Das Bemerkenswerte bei den großen Handelsketten ist ihre große Treue zu ihren Partnern beim Bauen. Sie wechseln selten und arbeiten nur mit einer kleinen Zahl von Bau-Auftragnehmern zusammen. Sie könnten, wenn sie wollten, jedes einzelne Projekt nach niedrigstem Preis vergeben. Das scheint aber selbst bei Standardgebäuden nicht das Klügste und wirtschaftlich Günstigste zu sein. Während beim Bauen der öffentlichen Hand bei Ausschreibungen ängstlich auf strikte Produktneutralität geachtet wird, schreiben die großen Handelsketten den Hersteller und das jeweilige zugelassene Produkt allen Bauauftragnehmern verbindlich vor. In einem strengen Auswahlverfahren musste ich mich als Hersteller qualifizieren und Verkaufspreise für die Folgejahre anbieten. Bei einigen hundert Niederlassungen als Geschäftspotential komme ich als Chef dann schon mal selbst zu Verhandlungen und biete knapp kalkulierte Preise an. Die Kosten für das Baumaterial in Projekten der Discounter sind dann viel tiefer als für die öffentliche Hand. Diese veranstaltet für jedes Projekt einen neuen Preiswettbewerb. Die Anbieter sehen ein kleines angefragtes Volumen und keine langfristige Geschäftsperspektive. So wie die öffentliche Hand die Vergabe macht, bekommt sie für höhere Preise auch noch minderwertiges Material untergeschoben. Sie darf ja nicht schreiben, was sie genau an Produkten will, sondern nur was das Produkt machen soll. Nach so einem blödsinnigen System werden bei der öffentlichen Hand ja nicht einmal Autos beschafft. Höhere Preise und schlechte Materialien sind die Folge der Ignoranz im Bauen durch den Gesetzgeber. Den Preis zahlt der Steuerzahler. Anders als beim Einkaufen hat der Bürger da ja keine Wahl.

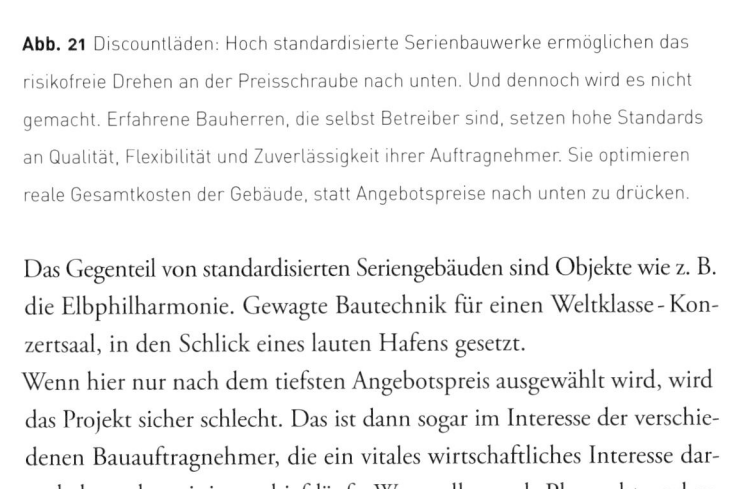

Abb. 21 Discountläden: Hoch standardisierte Serienbauwerke ermöglichen das risikofreie Drehen an der Preisschraube nach unten. Und dennoch wird es nicht gemacht. Erfahrene Bauherren, die selbst Betreiber sind, setzen hohe Standards an Qualität, Flexibilität und Zuverlässigkeit ihrer Auftragnehmer. Sie optimieren reale Gesamtkosten der Gebäude, statt Angebotspreise nach unten zu drücken.

Das Gegenteil von standardisierten Seriengebäuden sind Objekte wie z. B. die Elbphilharmonie. Gewagte Bautechnik für einen Weltklasse - Konzertsaal, in den Schlick eines lauten Hafens gesetzt.

Wenn hier nur nach dem tiefsten Angebotspreis ausgewählt wird, wird das Projekt sicher schlecht. Das ist dann sogar im Interesse der verschiedenen Bauauftragnehmer, die ein vitales wirtschaftliches Interesse daran haben, dass einiges schief läuft. Wenn alles nach Plan geht und es keine Abweichungen zu ihren Angeboten gibt, legen sie finanziell am Ende drauf. Zum »Glück« gibt es in der Realität des Baubetriebs viele Möglichkeiten, dafür zu sorgen, dass es schlecht läuft. Auch das ist legitim.

Niemand der Bauauftragnehmer hat ein Projektziel unterschrieben, das ein Gebäude beschreibt, das zum Zeitpunkt x betriebsfähig sein soll. Nur der Bauherr hat sich zu diesem Ziel verpflichtet.

Nicht einmal die kreditgebende Bank ist glücklich, wenn alles rund läuft. Bei einem soliden Kreditnehmer profitiert auch sie, wenn höhere Kredite fällig werden. Wie bei Hypotheken üblich, steigt der Zinssatz mit der Beleihungsrate steil an. Banken und Baufirmen haben ein gemeinsames Interesse daran, die realen Kosten so weit wie möglich über das Budget steigen zu lassen. Es weiß schlussendlich niemand, wie teuer ein Gebäude wirklich war, wenn es zwei bis drei Jahre nach Bezug gut funktioniert.

Bauherr und Auftragnehmer sind sich hier einig: Schwamm drüber. Vergessen wir's.

Nur bauen oder auch besitzen?

Gehen wir nun wieder zurück zu der Vorstellung von Ihnen als Produzent eines Unikats. Sie als Chef einer BauUnternehmung, die dieses Unikat entwickelt und produziert. Wir hatten Ihre Unternehmergeschichte in der Situation verlassen, als Ihre Termine und Kosten völlig aus dem Ruder liefen. Ihnen wurde bewusst, dass Sie dumme Fehler gemacht haben und zu blauäugig waren. Sie haben sich inzwischen in der Führungsebene mit externen Beratern verstärkt. Sie haben sich sogenannte Projektsteuerer an Bord geholt, die es mittlerweile geschafft haben, Ihre Führungs- und Produktionsmannschaft sowie alle Lieferanten auf einen seriösen Bauabnahmetermin festzulegen. Das hat Sie nochmals einen großen Batzen Geld gekostet. Jeder Beteiligte hat sich dafür gut bezahlen lassen, von dem Preisniveau bei Auftragsvergabe sind Sie inzwischen weit entfernt. Die Auftragnehmer scheinen nun endlich zufrieden zu sein und arbeiten vereint auf den Endtermin hin. Nun ist es höchste Zeit, zu regeln, was mit Ihrem Produkt geschieht, wenn es bald nutzbar sein wird.

Es bieten sich Ihnen zwei Optionen:

1. Sie beschränken sich auf die Rolle des Produzenten und verkaufen Ihr Werk ungebraucht.
2. Sie bleiben selbst Eigentümer und organisieren den Betrieb und damit die wirtschaftliche Nutzung Ihrer einmaligen Schöpfung selbst.

Da Sie lieber gleich den ganzen Gewinn Ihrer unternehmerischen Arbeit haben möchten, entscheiden Sie sich für den Verkauf. Es gibt genug finanzstarke Unternehmen am Markt, die ein Produkt wie das Ihre lieber fertig kaufen.

Bei Bauwerken sind dies professionelle Anleger wie Immobilien- und Rentenfonds. Sie sind immer auf der Suche nach guten Geldanlagen. Nach erfolgreichem Verkauf wären Sie Ihre Schulden los. Deren Last ist inzwischen besonders drückend geworden. Wegen der massiven

Budgetüberschreitung, die Ihre billige Entwicklungs- und Produktionsmannschaft verursacht hat, haben Sie Ihren Kreditrahmen schon weit überzogen und jeden Tag kommen weitere Rechnungen.

Durch den langen Verzug des Fertigstellungstermins drückt die Zinslast gewaltig, da diese höher als geplant ausfiel. Einnahmen haben Sie noch keine.

Nun brauchen Sie einen Berater. Sie selbst sind kein Immobilienverkäufer. Zeit haben Sie auch nicht, da die Baustelle Ihre volle Aufmerksamkeit braucht. Sie trauen niemandem mehr. Nun kontrollieren Sie doppelt. Um nicht noch mehr Geld für Beratung auszugeben, stellen Sie einen Immobilienverkäufer auf Provisionsbasis an. Dafür müssen sie aber das Mandat exklusiv vergeben. Sie wählen den Immobilienspezialisten, der Ihr Produkt am höchsten bewertet. Der Schätzpreis ist so attraktiv, dass Sie seine verlangten vier Prozent Verkaufsprovision leicht verschmerzen können.

Während Sie mit der Fertigstellung Ihres Produkts beschäftigt sind, läuft für sechs Monate der Verkauf ohne Sie.

Das Ergebnis ist niederschmetternd. Niemand ist bereit, auch nur den Minimalpreis, also Ihre Eigenkosten zu bezahlen. Der Verkäufer erklärt das mit der momentanen Krise und einem sehr volatilen Markt. Man bräuchte eben Geduld und etwas Zeit. Das haben Sie nicht mehr. Sie brauchen Einnahmen oder neue Kredite.

Aber Ihr Immobilienverkäufer weiß doch noch Rat. Er hat noch einen alten Bekannten, der ihm als Gefallen Ihr Produkt abkaufen würde. Dessen Preisvorstellung reicht nach Abzug der vier Prozent Provision gerade aus, um Ihre Schulden abzudecken. Ihr Eigenkapital wäre weg. Das wäre Lehrgeld für Ihre ersten Schritte zum Produzenten eines Gebäudes und zum Chef einer BauUnternehmung.

Sie wollen jedoch nicht Ihr Vermögen abschreiben und Jahre umsonst an Ihrem Produkt aufgewendet haben. Also treffen Sie den Entscheid, Eigentümer Ihres Produkts zu bleiben.

Um Einnahmen für die Zinsen und die Tilgung zu erzielen, müssen Sie das Produkt vermieten. Auch darin haben Sie keine Erfahrung. Deshalb wenden Sie sich an das Immobilienmanagement-Unternehmen »Sorglos AG«, das Ihnen eine Komplettlösung anbietet: Vermietung und Betrieb der Immobilie. Sie wählen das beste Angebot davon aus. Das sichert Ihnen rechnerisch nach dem Abzug der Zinsen und der Tilgung noch ein sehr lukratives Auskommen. Das Ziel scheint nah, endlich ausgesorgt.

Nun drängt die Zeit. Ihr Immobilienmanagement-Unternehmen hat schon die ersten Mietverträge in Ihrem Namen abgeschlossen. Die Umzugswagen sind gebucht. Bei Verzug droht Konventionalstrafe. Ihre Verschuldung ist schon bedrohlich hoch angestiegen und die bestehenden Kreditlinien sind bereits ausgeschöpft. Sie haben es jetzt wirklich eilig.

Das ist der magische Moment eines Bauprojekts. Nun arbeiten alle auf der Baustelle mit Hochdruck, jeder möchte nur noch fertig werden. Ihre Entwicklungs- und Produktionsmannschaft sehnt sich danach, das Bauwerk an den Betreiber zu übergeben. Damit sind praktisch alle aus der Verantwortung und können ihre Schlussrechnungen stellen. Die Risiken für Gewährleistung und etwaige Nacharbeiten wurden im Laufe der Bauzeit schon als Reserven in die Kalkulation einberechnet. Zum Abnahmetermin und der Übergabe an den Betreiber kommt der Zeitpunkt der Generalabsolution.

Sie werden die Sünden der Entwicklungs- und Bauphase verzeihen und offene Punkte als erledigt erklären. Auf der Erledigung offener Punkte zu beharren, würde Sie noch mehr Zeit und Geld kosten. Sie sind schon knapp genug bei Kasse, also müssen Sie ein Ende setzen und Ihr Produkt als fertig erklären. Alle empfinden es genauso wie Sie. Jetzt macht Ihre gesamte BauUnternehmung ein Rennen gegen die Uhr. Die Ziele werden fliegend angepasst. Damit können es alle bis zum Übergabetermin schaffen.

Abb. 22 Endphase auf der Baustelle. Die Zeit ist fix, die Ziellinie wird passend verschoben. Alle helfen mit, schauen weg, hören weg und sagen nichts, damit das Bauprojekt »pünktlich« ins Ziel kommt.

In diesem Sinne führt die Führungsmannschaft Ihrer Unternehmung die Prüfungen und Abnahmen durch. Der Architekt und die Fachplaner haben es auch eilig. Jeder weitere Tag bei Ihnen kostet nur Zeit und bringt keinen Euro mehr Entlohnung. Beim Bauen in Deutschland ist deren Entgelt von Gesetzes wegen geregelt (HOAI). Ein pauschaler Prozentsatz der Baukosten, egal wie lange sich die Sache hinzieht. Jetzt möchten alle fertig werden und auf die nächste Baustelle: Dort warten neue Einnahmen.

Sie freuen sich, dass die Abnahme so reibungslos abläuft. Das gibt Ihnen ein gutes Gefühl. Das Ganze hat zwar länger gedauert und viel mehr gekostet als geplant, aber dafür sieht Ihr Produkt nun wirklich toll aus. Sie übergeben es mit einem guten Gefühl an die Betreibergesellschaft und machen erst einmal lange Urlaub.

Für Sie beginnt nun eine Honeymoon-Phase. Das Immobilienmanagement-Unternehmen »Sorglos AG« als Ihr Vertragspartner für die Nutzung Ihres Produkts überweist Ihnen monatlich pünktlich die vereinbarte Summe. Die ist so hoch, dass Ihnen nach Zinsen und Tilgung noch viel übrig bleibt.

Nun fühlen Sie sich als erfolgreicher Produzent. Sie beschäftigen sich bereits mit Ihrem nächsten Produkt. Sie streben danach, das Gelernte anzuwenden. Man kann es besser machen, das haben Sie beim ersten Mal gespürt.

In den ersten zwölf Monaten nach der Inbetriebnahme Ihres Produkts geht es Ihnen prächtig. Im verflixten 13. Monat überweist das Immobilienmanagement-Unternehmen plötzlich viel weniger als vertraglich vereinbart. Das Geld reicht gerade noch für Zins und Tilgung. Zum Leben bleibt Ihnen nichts mehr.

Ihr Hausanwalt soll die Misere schnell abwenden. Er soll Ihnen Ihr Recht verschaffen. Die Ursache ist bald gefunden. In einer der vielen Klauseln des komplizierten Vertragswerks räumt sich der Betreiber das Recht ein, Fehlerbeseitigung und Betriebsoptimierung des übernommenen Bauwerks im zweiten Jahr bei Ihnen in Abzug zu bringen. Darauf hat Ihr Anwalt Sie bei der Vertragsprüfung nicht hingewiesen. Sie haben leider keinen der teuren, auf Immobilienrecht spezialisierten Anwälte beauftragt. Der hätte Sie vielleicht darauf hingewiesen, dass Ihr Produkt bei der Übergabe wie üblich ja nur die Reife eines Labormusters hatte. Er hätte ihnen sagen können, welche Risiken und Kosten sich bei einem Neubau in den ersten zwei Jahren nach »Fertigstellung« ergeben.

Ihr »Feld-, Wald- und Wiesenanwalt« hingegen ging wohl bei der Beratung von der Übergabe eines tadellosen Produkts an den Vertragspartner aus. Ihm war scheinbar nicht bewusst, dass die bei Neuentwicklungen übliche Erprobung und Optimierung bei Gebäuden erst im Betrieb mit Bewohnern bzw. Nutzern möglich ist. Die ersten Mieter sind so etwas wie lebende Versuchsobjekte. Sie sind die »Testpiloten« für neue Bauwerke.

Die »Sorglos AG« als Ihr Vertragspartner ist ein Vollprofi im Immobiliengeschäft. Sie hat sogar eigene Fachanwälte beschäftigt und sämtliche

Risiken und Zusatzkosten elegant bei Ihnen untergebracht. Die »Sorglos AG«
darf ohne Rücksprache mit Ihnen Fehler und mangelnde Qualität besei-
tigen lassen; dazu beauftragt sie großzügig eigene Tochterunternehmen.
Sie gehen der Sache auf den Grund. Ihr Produkt war doch bei der
Übergabe in einem guten Zustand, oder? Die »Sorglos AG« will Sie
vielleicht betrügen.

Der neue Betreiber zeigt Ihnen die folgende harte Realität auf:

· Es fehlen wesentliche technische Unterlagen zum Gebäude. Große
  Teile der Dokumentation erweisen sich als falsch. Dadurch entstehen höhere Kosten, die der Produzent des Gebäudes, d. h. der
  heutige Eigentümer tragen muss.
· Vieles funktioniert nicht stabil und benötigt im Dauerbetrieb mehr
  Service- und Wartungspersonal.
· Jeder Teil Ihrer Entwicklungsmannschaft (Planer) hat isoliert für
  sich gearbeitet, um den eigenen Aufwand und das eigene Risiko
  zu minimieren. Im Ergebnis arbeiten jedoch die wichtigsten Teile
  Ihrer Gebäudetechnik nicht zusammen. Die Kosten im Betrieb
  sind deshalb viel höher als kalkuliert und es funktioniert vieles
  einfach nicht so wie vom Nutzer gewünscht.

Zum Glück können Sie bei den häufigen technischen Defekten der
scheinbar minderwertigen Materialien und Gerätschaften noch auf die
Herstellergewährleistung zurückgreifen. Zumindest kosten Sie diese
Austauschteile noch nichts.

Von nun an müssen Sie als ehemaliger Produzent und heutiger Eigentümer Ihren Lebensstil etwas einschränken. Sie leben vorübergehend
auf Kredit. Die gröbsten Kinderkrankheiten Ihres Produkts sind hof-
fentlich nach zwei Jahren beseitigt.

Im dritten Jahr kommt eine weitere Überraschung. Ihr Vertragspartner reduziert die Zahlungen weiter. Sie hatten ihm eine Klausel eingeräumt, die Ihnen damals unwichtig erschien.

Unter besonderen Umständen können nach 24 Monaten Vertragslaufzeit die langfristig garantierten Zahlungen der realen Vermietungssituation anpasst werden. Und diese Situation scheint nicht rosig.

Der Mietmarkt ist durch die Wirtschaftskrise extrem unter Druck geraten, einige bleibende Mängel in Ihrem Gebäude haben eine reduzierte Vermietbarkeit zur Folge. Zudem sind die Nebenkosten pro m² in den oberen 25 Prozentbereichen des Immobilien-Benchmarks. Einige Mieter halten Zahlungen zurück, andere haben gekündigt. In der näheren Umgebung gibt es inzwischen schon neuere, attraktivere Objekte.

Ein renommierter und politisch gut vernetzter Bürger hat in Ihrer Nachbarschaft günstig ein neues Bauwerk realisiert. Das bekam von der Stadt auch einen Top-Straßenanschluss und eine Bushaltestelle. Das hat Ihr Objekt nicht.

Über die Auslegung der Formulierung »gewichtige Gründe« aus dem Vertrag mit der Sorglos AG werden sich die Anwälte über Jahre hinweg streiten, bevor ein Urteil gefällt wird.

In der Zwischenzeit können Sie der Tilgung Ihrer Kredite nicht mehr nachkommen. Die Bank setzt Ihnen mehrmals Fristen. Diese verstreichen, Sie müssen vor den Richter. Sie bekommen das Unfassbare schriftlich per Einschreiben zugestellt: Sie sind bankrott. Ihr Produkt gehört der Bank.

Abb. 23 Bauprojekte können Schwarze Löcher erzeugen. Diese verschlingen gierig und unstillbar Ressourcen, Mensch, Zeit und Material. Es kann sogar den Bauherren und den späteren Eigentümer hinunter ziehen. Und es gibt immer Leute, die schwarze Löcher gut finden. Eigentlich jeden, der daran verdient, wenn Bau und Betrieb von Bauwerken teuer werden.

Ihr Bauprojekt ist hier wirklich zu Ende für Sie. Sie sind wie viele andere vor Ihnen im schwarzen Loch des Bauwesens gelandet. Im schwarzen Loch treffen Sie vielleicht Sub-Unternehmer, die Sie mit Ihrer Bau-Unternehmung durch willkürliche Einbehalte, taktische Reklamationen und Zahlungsverzug selbst in die Pleite vorgeschickt hatten.

Das schwarze Loch tut sich nicht nur auf Baustellen auf, es versteckt sich weiterhin im Keller des fertigen Gebäudes. War ein Bauprojekt schief, bleibt dies in das Fundament des Bauwerks gegossen. Von außen und aus der Ferne sieht alles gut aus. Das Auge sieht nur die Attraktivität der Architektur. Es erkennt nicht das Schwarze Loch im Keller. Dies wird in den Betriebskennzahlen des Bauwerkes versteckt. Und was zählt schon das Wohlbefinden der Nutzer?
Nachfolgend ein typisches Beispiel mit internationaler Bekanntheit. Hier hat unsere zuvor erzählte Geschichte von der BauUnternehmung, die in die Pleite führt, sogar einen erfahrenen Bauherrn getroffen. Denn beim Bauen macht Erfahrung nicht zwingend klug, sondern oft noch sorgloser und wagemutiger.

THE SQUAIRE

Beim größten Büro- und Shoppingcenter Deutschlands (das 220.000 m² große Objekt »The Squaire« über dem Fernbahnhof am Frankfurter Flughafen) war nach knapp zwei Jahren der Eigentümer (www.ivg.de) zahlungsunfähig.

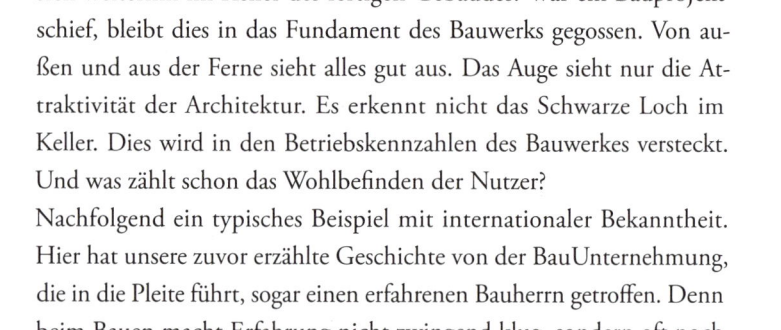

Abb. 24 »The Squaire« – ein Beispiel für viele ähnliche Bauwerke. Glanzvoll und beeindruckend, solange man nicht die Hintergründe und die Nöte der Investoren, Betreiber und Nutzer kennt.

Das Objekt war auf 0,6 Mrd. Euro budgetiert. Beim Planen und Bauen wurde gespart, wo es nur ging. In der Folge stiegen die Baukosten auf 1,2 Mrd. Euro.

Die Mängel beim Material und bei der Realisierung trieben die Kosten nach der Inbetriebnahme in astronomische Höhen. Das Geld ging aus. Zur finanziellen »Sanierung« wurde der Gebäudewert in der Buchhaltung von 1,2 Mrd. auf 0,6 Mrd. Euro abgewertet. Der neue Gebäudewert ist über diesen Weg endlich am Zielwert des ursprünglichen Bauprojekts angekommen.

Vor Inbetriebnahme von »The Squaire« lag der Aktienkurs der IVG AG stabil über 5 Euro pro Aktie. Nach 2 Jahren steht er nur noch bei 0,015 Euro. Da haben viele Anleger viel Geld verloren. Ausländische Hedgefonds sind nun eingesprungen, um zu »retten«.

Haben zumindest die Lieferanten und Bauleute dabei Geld verdient? Bei den Arbeiten musste IN SOLCHEM MAßE gespart werden, dass 400 osteuropäische Ich-AGs zum Einsatz kamen. Es gab kein Geld, um Aufzüge »Made in EU» zu kaufen. Stattdessen wählte man Produkte »Made in China« ohne die in Europa geforderte CE-Kennzeichnung. Diese Afzüge sind so unzuverlässig, dass inzwischen mit deren Austausch gegen bessere Qualität begonnen wurde.

Haben wenigstens die Nutzer Freude? Zu dieser Frage eine kleine Episode aus dem wirklichen Leben. Am 7. Februar 2014 kam ich gegen 11.00 Uhr von München mit dem Zug am Fernbahnhof des Frankfurter Flughafens an. Am Nachmittag hatte ich ein Abstimmungsmeeting mit meinem Buch Co-Autor Bernd Hanke im Starbucks des »The Squaire« vereinbart. Um die Zeit gut zu nutzen, setzte ich mich zum Arbeiten mit dem Notebook in die gemütlichen Lounge-Möbel in den hohen, offenen Bereich vor dem Conference Center des »The Squaire«. Über mir circa 15 m höher das Glasdach. Hinter mir circa 20 m entfernt die nächste Wand.

Nach einer halben Stunde wurde es mir kalt. Ich spürte einen unangenehmen Luftzug am Hals. Ich stand auf und schaute nach oben, um irgendwo den Luftauslass zu finden, der die Strömung verursachte. Ich sah nichts. Dafür sprach mich eine Frau an, die gerade vorbeilief und fragte, ob mir Wasser auf den Kopf getropft sei. Im gleichen Atemzug warnte sie mich vor der Rutschgefahr auf dem glatten Steinboden. Vom Glasdach würde häufig Wasser tropfen und Pfützen bilden. Die Frau war regelrecht besorgt um mich. Ich erzählte ihr von meinem Buchprojekt und bat sie, mir mehr zu erzählen. Sie stellte sich als Steueranwältin des »The Squaire« Hauptmieters, der PriceWaterHouseCoopers AG vor. Sie berichtete erregt über Fahrstühle, die häufig stecken bleiben, weil das Gebäude absackt und über die schwer erträgliche Arbeitsumgebung durch völlige akustische Isolation und Vollklimatisierung der Büros. Der vom Eigentümer vertraglich zugesicherte Kinderspielplatz für die 7000 Angestellten im »The Squaire« sei ein Witz und würde nur als Freifläche für Raucher genutzt.

Nachdem die Dame bei mir Dampf abgelassen hatte, verschwand sie erleichtert in die Mittagspause ...

Abb. 25 Hier zieht es an den Hals und es tropft von der Decke. Das Auge täuscht.

Arbeitsverhältnisse einer BauUnternehmung

Die Geschichte von Ihnen als Produzent eines Unikats (Gebäude) mithilfe einer Bauunternehmung endete für Sie mit einem Bankrott. Sie haben als Chef dieser Unternehmung Ihr Produkt zu teuer, qualitativ zu schlecht und mit enormem Zeitverzug realisiert. An Ihnen lag es nicht. Sie hatten sich voll für den Erfolg engagiert. Also können wohl nur die Mitarbeiter Ihrer Bauunternehmung die Schuldigen sein. An denen sind Sie gescheitert. Diese These wollen wir prüfen.

Wir schauen uns die Organisation und die Arbeitsverhältnisse des Einwegunternehmens, das Sie zu verantworten hatten, näher an. Eine BauUnternehmung ist ein temporäres Gebilde. Es hat nur ein Ziel: Ihr Produkt zu entwickeln und zu realisieren.

Sie gründen dafür keine rechtliche Firma mit Personalabteilung und klassischem Anstellungsvertrag, sondern stellen die Mitarbeiter der Produktion und Fertigung über Werkverträge nach dem Bürgerlichen Gesetzbuch an. Das ist eine Art Festanstellung ohne Monatslohn. Die Bezahlung erfolgt abhängig von dem Erreichen von Zielen.

Für die Wertschöpfung einer Bauunternehmung hat der Gesetzgeber also das angelsächsische Prinzip »Management by Objectives« sogar auf die Entlohnung erweitert.

Jeder, der Bonussysteme mit persönlichen Zielen aus seinem Arbeitsleben kennt, weiß, wie schön die Theorie und wie mühsam die praktische Umsetzung ist. Wer gibt die Ziele vor? Wer macht die Kontrolle? Wie sind Teilauszahlungen möglich? Beim Bau gibt das der Gesetzgeber durch umfangreiche, komplexe Regelwerke vor. Sie als Bauherr verstehen es nur nicht. Im Vergleich dazu ist reguläres Arbeitsrecht klar und trivial.

Das Besondere beim Arbeiten nach Werkvertrag ist die fehlende Option, regulär zu kündigen. Einmal per Werkvertrag eingestellt, bleibt jeder so lange an den Bauherrn gebunden, bis das vereinbarte Arbeitsziel erreicht ist. Eine vorzeitige Trennung ist so teuer und schwierig wie eine außerordentliche Kündigung eines Angestelltenverhältnisses. Ein Bauherr ist während seiner Bauunternehmung an seine Mitarbeiter gekettet und diese an ihn. Damit hängen alle Baubeteiligten zusammen. Einer kann alle anderen bremsen! Der Bauherr kann als Chef der Bauunternehmung die Richtung und die Geschwindigkeit vorgeben. Er muss jedem Mitarbeiter einfach nur die Ziele rechtzeitig setzen. Da alle Mitarbeiter an demselben arbeiten, müssen die Ziele jedoch konsistent sein.

Abb. 26 So sieht es im Bauprojekt aus. Jeder hängt an jedem.
Einer kann alle aufhalten.

Bei diesem lapidaren Anspruch der Konsistenz in den Zielen fängt die Krux in der Praxis für den Bauherrn an. Und es geht weiter.

Da nur erfolgsabhängig nach Zielvorgaben bezahlt wird, müssen die Mitarbeiter auch nur dafür arbeiten. Sie schulden Ihnen die Zielerreichung (Erfolg). Aber nur für Ziele, die vorab definiert wurden. Wollen Sie als Bauherr nach Baustart das Ziel ändern, etwas mehr haben, haben Sie etwas vergessen, Fehler gemacht oder haben Ziele zweideutig definiert, müssen Sie die Extras bezahlen (Nachträge). Den Preis dafür legt der Bauauftragnehmer recht frei fest. Wettbewerb gibt es auf einer laufenden Baustelle nicht mehr.

Kommt eine BauUnternehmung ins Stocken und die Mitarbeiter (Werkauftragnehmer) können deshalb ihre Ziele nicht erreichen oder müssen mehr dafür aufwenden, muss der Bauherr sie dafür entschädigen.

Nur der Architekt und die Fachplaner werden bei Verzögerungen nicht entschädigt. Die sind ja die oberste Leitungsebene. Eigentlich bekommt die oberste Leitung nur eine gesetzlich festgesetzte Pauschale für jeden Fortschrittsabschnitt in der Lebensspanne einer BauUnternehmung. Es ist egal, wie lange dieser dauert und wie viel Aufwand effektiv entsteht. Als Hintertür hat der Deutsche Gesetzgeber in der Honorarordnung auch noch nach Aufwand abrechenbare »Sonderleistungen« vorgesehen. Aus der Führungsetage von Unternehmen kennt man das ja auch, da werden ja oft auch Sonderboni ausbezahlt, wenn die Geschäfte stocken, um die Laune in der Teppichetage hoch zu halten.

Läuft eine BauUnternehmung d. h. ein Bauprojekt rund und die Führungskräfte haben wenig Mühe, kann die reguläre pauschalisierte Bezahlung sehr lukrativ sein. Bei großen Bauvorhaben haben die Architekten und Planer selbst große Stäbe mit hunderten Angestellten zu bezahlen. Diese Angestellten besitzen keine Werkverträge, sondern sind reguläre Arbeitnehmer. Jeden Monat muss er ihnen das Gehalt überweisen und die Sozialversicherung bezahlen.

Wenn in der Chefetage der BauUnternehmung Streit ausbricht, der Bauherr als Chef böse Absichten verfolgt oder man von seinen Finanziers ständig neue Anweisungen erhält, kann den Beteiligten Planern auch schnell die finanzielle Luft ausgehen. Beim Berliner Flughafen war dies mit dem Brandschutz Ing. Büro IGK-IGR Ingenieurgesellschaft Kruck mbH der Fall. Bei dem Großprojekt neuer Bundesnachrichtendienst BND in Berlin traf es mit den Ebert-Ingenieuren das bis dahin größte Fachplanungsunternehmen Deutschland. Und schon andere große und hoch kompetente Planungsbüros wie Schmidt Reuter, Brandi und HL-Technik hat die Insolvenz in den letzten Jahren getroffen. In der April-Ausgabe 2014 des Baufachblatts »cci Zeitung« prangte auf der Frontseite eine große Überschrift mit der Frage: »Wer plant künftig noch 100 Mio.-Euro-Projekte«? Das aktuelle Ableben eines weiteren großen, fachlich kompetenten und seriösen Planungsbüros war der Auslöser für die Titelstory.

Es gibt in der BauUnternehmung auch einige Akteure, die keinen Werkvertrag haben, also keinen Erfolg schulden, sondern nach Aufwand bzw. Stunden bezahlt werden. Die Hersteller von Bauprodukten wollen möglichst viel und Teures liefern. Viele Normen und technische Vorgaben bringen Sachverständigen und Experten viel Brot und Arbeit. Schwammige, undurchsichtige und inkonsistente Gesetzeslagen lassen Anwälte viele Stunden à 250 Euro abrechnen. Auch Projektsteurer rechnen eher nach Aufwand statt pauschal ab. Jeder Berater des Bauherrn, der Tagessätze abrechnet, freut sich über jeden weiteren Terminverzug. Offiziell wird er das »Unglück« natürlich mit dem Bauherrn laut bejammern. Die Kommunikationsberater des Bauherrn werden dann für Außenstehende plausible Erklärungen finden. Denn Fehler werden auf Baustellen immer gemacht und es passiert immer Unvorhersehbares. Damit kann der Kommunikationsberater jeden Verzug erklären, Kausalitäten und Wirkungszusammenhänge braucht es da nicht. Es reicht aus, einfach etwas zu sagen. Jemanden zu belasten, der sich nicht wehren kann. Am einfachsten die Leute, die auf der Baustelle arbeiten.

Der absolute Aberwitz in den Arbeitsverhältnissen bei Bauunternehmungen läuft beim Bund. Der hält sich für seine Bauwerke ein eigenes Amt: das Bundesamt für Bauwesen. Die klugen Beamten halten sich so weit wie möglich aus der Verantwortung heraus und stellen dafür temporäre Projektleiter ein. Bei Großprojekten reicht die interne Kapazität sowieso nicht, also stemmt der Bund seine Großbauten mit hoch bezahlten akademischen »Zeitarbeitern«. Diese haben ein lukratives, gesichertes Einkommen, so lange das Projekt nicht fertig wird.

Ihnen wird operativ im Baugeschehen die Macht des Bauherrn übertragen. Das geht gemäß unserem Rechtssystem sogar per Zuruf. Wer Chef ist, muss nicht einmal schriftlich festgelegt werden. Diesen auf Tages- und Monatsbasis eingestellten Baufachleuten bei Bundesprojekten wäre es am liebsten, das Bauwerk würde nie fertig.

Nun haben wir also einen weiten Bogen über die Arbeitsverhältnisse bei Bauunternehmungen gespannt. Den Abschluss dieses Bogens bildeten die Bauunternehmungen der öffentlichen Hand, die von Grund auf zum Ausufern aufgestellt werden.

Die Personalstruktur einer BauUnternehmung

Gehen wir wieder zurück zum operativen Bauen und betrachten die Besonderheit und Dynamik.

Eine Baustelle ist wie eine Werkshalle: Es fehlt nur das große Dach über allem. Wie in jeder großen Werkshalle gibt es dort Kräne, Büros, Besprechungs- und Pausenräume. Die sind einfach in Form von wind- und wasserdichten Containern realisiert.

Während bei einer normalen Produktion das Produkt nach der Abnahme verpackt und zum Besteller abtransportiert wird, läuft es beim Bau andersherum. Das Produkt bleibt stehen und die Produktionshalle zieht um. Der Kunde bekommt seine Ware nicht frei Haus geliefert, sondern kommt am Liefertermin zum Produkt. Die Kunden werden praktisch mit dem Umzugswagen zugeliefert.

Danach löst sich eine Baustelle auf und jeder Beteiligte zieht für sich weiter zur nächsten. Dort trifft er wieder auf neue »Kollegen« und neue Führungskräfte der jeweiligen Bauunternehmung, mit denen er am Erfolg, dem zu übergebenden Bauwerk, arbeitet.

Bei jeder BauUnternehmung besteht die Führungsebene aus temporären Mitarbeitern. Der Bauherr hat sie engagiert. Auch diese Menschen haben unter Umständen vorher noch nie zusammengearbeitet und werden sich in dieser Konstellation nie mehr treffen.

Es gibt in der BauUnternehmung weder auf der Führungsebene noch in der Produktion, der Baustelle, eine natürliche Orientierung zu langfristigem Denken. Es fehlt die Vertrautheit aus früheren gemeinsamen Erfolgen. In normalen Unternehmen gibt es die Führungsebene, die sich schon lange kennt und noch für viele Jahre zusammenbleiben wird. In diesen idealen Bedingungen ist die Führung der Unternehmung schon nicht einfach. Bei der BauUnternehmung sind die Rahmenbedingungen für Führung und Motivation der Mannschaft noch ungünstiger.

Der Architekt ist in der Regel der Stellvertreter des Bauherrn. Er leitet das Entwicklungsteam aus Fachingenieuren. Für die Baustelle hat er einen Bauleiter engagiert, der immer vor Ort ist.

Die Fachbereichsleiter (Gewerke) des Entwicklungsteams sind vergleichbar mit Hauptabteilungsleitern normaler Unternehmen. Sie suchen sich wiederum ihre eigenen Abteilungsleiter und Sachbearbeiter (ausführende Firmen) und stellen diese für den Bauherrn mit einem Werksvertrag ein. Die Auswahl erfolgt in der Regel nach dem niedrigsten Angebotspreis. Wer vorgibt, mit dem wenigsten Geld für eine vorgegebene Leistung zufrieden zu sein, wird für die BauUnternehmung eingestellt. Das geht bekanntermaßen in jedem normalen Unternehmen schief. Besonders bei öffentlichen Bauunternehmen ist es aber die Regel.

Der Mangel an etablierten Führungsstrukturen, Prozessen und Organisation muss in einer Bauunternehmung durch ein starkes Projektmanagement ausgeglichen werden. Haben Sie das nicht, wird Ihr Bauwerk einfach etwas teurer und braucht ein paar Monate länger bis zur Fertigstellung.

Diese Rolle der Projektleiter übernehmen meist die Architekten. Diese sind von ihren Neigungen her eher künstlerisch ausgerichtete Menschen und damit an Projektleitungsaufgaben weniger interessiert.

Es gibt zwei Möglichkeiten, um den Architekten von seiner Verantwortung zu entlasten und gleichzeitig auch den zeitlichen Aufwand für den Bauherrn zu reduzieren.

1. Der Bauherr stellt einen Projektmanager ein und überträgt ihm Teile seiner Autorität. Auf diesen muss er sich nun verlassen. Durch einen Projektmanager werden die Führungsaufgabe und die Kommunikationsbeziehungen für den Bauherrn, als Chef der Bauunternehmung, jedoch auch anspruchsvoller. Die Leistungen eines Projektmanagers oder gleich eines ganzen beauftragten Projektsteuerungsunternehmens sind schwer zu definieren, zu

bewerten und zu kontrollieren. Das kann auch lange unbemerkt daneben laufen, wenn die falschen Leute am Werk sind. Da kommen teure Beraterstunden in hoher Zahl zusammen. Je mehr Probleme noch gefunden werden, umso lukrativer ist es für den Projektmanager. Bezahlen Sie, um diesen kostentreibenden Effekt zu vermeiden, einen Projektmanager auf Termineinhaltung, kann es auch schlecht ausgehen. Er wird nämlich den Auftragnehmern mit allen Mitteln helfen, schnell fertig zu werden. Dann werden ohne dass Sie es merken einfach auch faule Kompromisse eingegangen. Ihr Projektmanager kann dann sogar helfen, den Pfusch am Bau vor Ihnen zu verbergen. Und dabei fühlen Sie sich als Bauherr sogar noch gut. Weil ja scheinbar alles so glatt läuft. Es braucht einfach nur die »richtigen« Leute.

2. Um sich von den Problemen mit der operativen Realisierung eines Bauwerkes zu entlasten, kann der Bauherr auch einen neuen Akteur in seine BauUnternehmung aufnehmen. Der soll ihm alle Sorgen bis zum Bezug abnehmen. Das geschieht zu einem Zeitpunkt, in dem das Design und die Konstruktion eines Bauwerks abgeschlossen sind. Also dann, wenn der Bauherr weiß, was er will und nur noch die Realisierung zu geringen Kosten und sicheren Terminen gemacht werden muss. Anstatt selbst die Führungs- und Produktionsmannschaft der Bauunternehmung zu führen, stellt sich der Bauherr nun eine Art Vize-Chef ein. Der ist nun sein Stellvertreter. Der bisherige Architekt und der Fachplaner werden degradiert bzw. nicht mehr weiter beschäftigt. Der neue Vize ist eine Art Gesamtprojektleiter und heißt Generalunternehmer (GU). Sehr gerne setzt er die gesamte Führungsriege der Bauunternehmung ab. Das stärkt seine Position gegenüber dem Bauherrn.

Abb. 27 Der Generalunternehmer ist Spezialist im Kosten drücken. Er bringt seine eigene Führungsmannschaft mit und arbeitet mit Subunternehmern, auf die er sich in seinem Sinne verlassen kann.

Der GU bringt immer eine große eigene Mannschaft mit in die Bauunternehmung ein. Sein Team ist eingespielt. Er kann sich zu 100 Prozent auf dessen Loyalität verlassen. Der Bauherr gibt dem GU ein Zeit- und Geldbudget. Der GU hat dann freie Hand beim Erreichen des Ziels.Seine Mannschaft und er leben davon, dass sie es schaffen, das Ziel mit weniger Geld als vom Budget vorgegeben zu erreichen.

Wenn das Ziel nicht gut und klar beschrieben ist, hat der Bauherr es nun mit einem ebenbürtigen Gegenspieler zu tun, der das Ziel immer in Richtung Kostenminimierung interpretieren wird. Soll das Ziel geändert werden, hat der Bauherr seine eigene Führungsmannschaft nicht mehr zur Verfügung und muss sich nun zu 100 Prozent auf den GU verlassen. Der kann dann Preise und Zeiten sehr frei festlegen. Will der Bauherr doch einmal bestimmen oder direkt in die Realisierung eingreifen, können Zuschläge und Zeitverzug die Folge sein. Wer denkt schon daran, vor der Vergabe zu definieren, ob Toilettentrennwände bis zum Boden gehen müssen oder ob knöchelhoch reicht?

Hält der GU die Baukosten bis zur Bauabnahme unter dem Fixpreis, macht er Gewinn. Liegt er darüber, sollte er eigentlich das Risiko tragen und Verluste machen. Das ist aber Theorie. Denn der GU hat wie der Bauherr auch einen starken Rechtsbeistand und ist Meister des Bauwesens, nicht Anfänger wie die meisten Bauherren. Er hat das Geschehen auf der Baustelle in der Hand. Damit ergeben sich auch für den GU viele Einnahmemöglichkeiten, die den pauschalen Fixpreis zu reiner Theorie werden lassen.

Abb. 28 Der Bauherr übergibt die Verantwortung für die Realisierung des Bauwerkes an einen Generalunternehmer. Der geht überall mit der Kostenwalze drüber. Das fördert das Sub-Sub-Sub Unternehmertum.

Der GU wird primär versuchen, die Kosten um jeden Preis zu drücken. Das ist der sicherste und einfachste Weg, Profit zu machen. Der Architekt hingegen will sein technisches sowie künstlerisches Meisterwerk realisiert sehen: Genau so, wie es in guten Zeiten mit dem Bauherrn vertraglich vereinbart wurde.

Die Öffentliche Hand arbeitet sehr gerne mit Generalunternehmen. Das erscheint einfacher und sicherer. Leider geht auch das beim öffentlichen Bau nicht gut. Beim öffentlichen Bau ist wohl der Wurm drin.

So waren beim neuen Berliner Flughafen (BER) nicht nur ein Generalunternehmer, sondern zwölf am Werk. Bei der Elbphilharmonie war bis 2013 der Architekt nicht dem Generalunternehmer (GU) unterstellt. Es gab also zwei Vize-Chefs, die über mehr als fünf Jahre hinweg mit gegensätzlichen Zielen parallel für den Bauherrn auf der Baustelle agierten.

Eine solche Konstellation geht nirgends gut. In der freien Wirtschaft scheitern daran auch ganze Unternehmen. Auf jeden Fall ist eine solche Führungssituation eine Qual für alle Mitarbeiter eines Unternehmens.

Leider mangelt es bei der öffentlichen Hand und der Politik eben genau an dieser praktischen Erfahrung, der Arbeit in einem normalen Unternehmen. Die Chefs der Liegenschafts- und Bauämter sind Beamte. Die politische Macht in Städten, im Land und auf Bundesebene haben meist Menschen mit Verwaltungs-, Lehr- oder Sozialberufen. Nur wenige waren Freiberufler oder Unternehmer, ganz selten sind Arbeiter und Angestellte zu finden. Aufgrund dieses Erfahrungsdefizits der öffentlichen Hand versteht man auch, warum die gesetzlichen Eingriffe und Vorgaben (VOB, HOAI etc.) des Staates im Sinne von effizientem Bauen in Deutschland nicht wirklich erfolgreich und sogar kontraproduktiv sind.

Sub-Unternehmertum als dominante Firmenkultur einer BauUnternehmung

Abb. 29 Die Unteren müssen die oben (er)tragen. Dafür gibt es Subunternehmer (Subs).

Eine beim Bauen weitverbreitete Firmenkonstellation ist die Nutzung von Sub-Unternehmen, Sub-Sub-Unternehmen oder Sub-Sub-Sub-Unternehmen etc., um Arbeiten bei BauUnternehmungen erledigen zu lassen.

In der tendenziell zyklischen Baubranche müssen Firmen bei Bedarf große Leistungen liefern, dürfen bei Auftragsmangel aber nur geringe Fixkosten haben.

Deshalb wird die eigene Organisation klein gehalten und bei Bedarf werden Sub-Unternehmer eingestellt. Diese Sub-Unternehmer haben dasselbe Problem und stellen wiederum Sub-Sub-Unternehmer ein.

Es ist sinnvoll, diese Konstellationen zu wählen, um schwankende Auftragslagen abzufedern. Dies gilt nicht nur für Unternehmen, die auf der Baustelle arbeiten. Auch Planungs- und Architekturbüros nutzen Sub-Unternehmen und diese wiederum Sub-Sub-Unternehmen.

Leider hat sich die Sub-Kultur zu weit mehr als einer wirtschaftlich sinnvollen Möglichkeit entwickelt, um Nachfrageschwankungen auszugleichen. Sie hat sich als Folge des reinen Preiskampfs zu einem Dauerzustand und Hindernis für Flexibilität bzw. Qualität entwickelt.

Bei den harten Bieterwettbewerben sinken die Angebotspreise oft scheinbar ins Bodenlose. Die Kalkulation eines gewonnenen Auftrags zeigt dann, dass diese Arbeit nicht selbst erledigt werden kann. Mit der eigenen Stammbelegschaft brächte sie Verluste. Die eigenen lokalen Mitarbeiter sind gemäß der Kostenrechnung einfach zu teuer, die Stundensätze sind zu hoch.

Der gewonnene Auftrag würde mit günstigen Leiharbeitskräften zwar keine Verluste mehr machen, aber temporäre Mitarbeiter müssen ja auch geführt werden. Die Verantwortung für deren Arbeit und Verhalten auf der Baustelle bleibt beim Arbeitgeber.

Es gibt einen eleganteren Weg, als solche Aushilfen auf Zeit einzustellen. Man macht es genauso wie der Bauherr; der stellt ja direkt auch kein Personal an. Ein Bauauftragnehmer wird selbst zu einer Art Unterbauherr. Nicht für das ganze Bauwerk, sondern nur für den Teil der Bauleistung, den er im Bieterwettbewerb gewonnen und nun gemäß Ausschreibung zu realisieren hat.

Statt Leute für Arbeitsstunden bzw. pro Monat zu bezahlen, teilt er die gewonnene Arbeit in kleinere Pakete auf. Diese Pakete werden wiederum am Markt ausgeschrieben und an den niedrigsten Bieter vergeben. Man schließt Werkverträge ab, der Nächste schuldet einem den Erfolg. Gezahlt wird nur nach Zielerreichung. Wenn der Nächste wiederum unfähig ist, mit eigenen Leuten die Arbeit kostendeckend zu erledigen, macht er das Gleiche noch einmal. Und so weiter, und so weiter …

Der Kostendruck wird einfach nach unten in der Organisationshierarchie weitergegeben. Mit dieser Methode kann sogar der gesetzliche Mindestlohn unterboten werden. Es steht ja jedem Sub-Unternehmer frei, so schlecht er will zu kalkulieren; gerne auch mit Verlust. Das geht bei eigenem Personal nicht; das würde dem Controlling auffallen.

In den meisten Firmen wird das Sub-Sub-Sub-Unternehmertum noch durch die Kalkulationsunsitte gefördert, die eigenen Mitarbeiterstunden mit einem höheren Gemeinkostenaufschlag zu verrechnen als bei Subs zugekaufte Leistungen. Reichen bei Einkaufskosten von Sub-Unternehmerleistungen 10% Aufschlag, werden Stundenlöhne der eigenen Leute mit 30% Aufschlag belastet. In der Folge arbeiten für die Baufirmen immer weniger eigene Bauleute. Immer weniger eigenes Personal auf die sie sich verlassen können. Baukonzerne werden zu Scheinriesen auf tönernen Füssen.

Abb. 30 Kompetenz im BauWesen. Man muss nur einen finden, der einem die Arbeit für weniger Geld weiterschiebt. Sub-Sub-Kette mit Schubkarren.

Ein Unternehmen wie Hochtief hat in der Milliarden Euro teuren Baustelle »Elbphilharmonie« nur 80 eigene Leute. Von denen schaufelt und schraubt keiner mehr.
Genauso ist es auch auf der Bundesbaustelle »Neues Berliner Schloss«. Es soll für 590 Mio. Euro im Herzen der Hauptstadt rekonstruiert werden. Der Bauherr hat keine Übersicht darüber, wer wann wo auf der Baustelle ist. Alle Subs und Sub-Subs von Hochtief bekommen die gleichen Helme und einen Hochtief-Baustellenausweis. Wenn der Preis nur tief genug ist und die Bauzeit eingehalten wird, will der Bund als Bauherr gar nicht so genau wissen, wer unter welchen Bedingungen in der BauUnternehmung arbeitet.

Bei meinen Recherchen wurde mir von Schwarzarbeitern bei den Arbeiten am Reichstaggebäude und den neuen Regierungsbauten erzählt. Die Razzien der Polizei seien als Großeinsätze eindrucksvoll gewesen, wurden aber schon am Vortag auf der Baustelle angekündigt.

Inzwischen bin ich mir sicher, dass auf Baustellen der Öffentlichen Hand Schwarzarbeit und Scheinselbstständigkeit verbreitet ist.

Im »Parlamentarierbrief« des Hauptverbands der Deutschen Bauindustrie vom Juni 2013 steht Folgendes: *»Die deutsche Bauindustrie setzt sich deshalb ein für die Haftung sämtlicher Bauauftraggeber, einschließlich der öffentlichen Hand, für Mindestlöhne und Sozialversicherungsbeiträge.«*

Auf dem 220.000 m² Objekt »The Squaire« am Frankfurter Flughafen waren am untersten Ende der Sub-Sub-Kette 400 Ich-AGs aus dem osteuropäischen Ausland zu finden. Insgesamt waren 1.300 Personen an der BauUnternehmung »The Squaire« tätig.

Der Ersatz von eigenem zuverlässigem Fachpersonal durch Fremdpersonal und Scheinselbstständigkeit lässt sich auch durch die Daten des Statistischen Bundesamtes für die Beschäftigten des Bauhauptgewerbes belegen. 1995 waren noch 1,4 Mio. Menschen bei Bauunternehmen angestellt. 2014 war es mit 0,7 Mio. nur noch die Hälfte. Die Bauleistung ging jedoch nicht um 50 Prozent zurück, es waren nur 21 Prozent. Wie werden also die 29 Prozent Bauleistung erbracht, für die kein Personal im deutschen Bauhauptgewerbe mehr da ist? Effizienzsteigerungen durch Automatisierung am Bau oder der Einsatz von noch mehr Kränen scheiden als Erklärung aus. Kräne gab es auch schon 1995 mehr als genug. Bei der handwerklichen Herstellung von Unikaten ist Automatisierung wirkungslos. Es muss eine gewichtige Ursache für diesen statistischen Zahlentrend geben. Die 29 Prozent Differenz an Bauleistung werden von Menschen erbracht, deren Unternehmen sich nicht dem deutschen Bauhauptgewerbe zurechnen lassen. Das können deutsche »Ich-AGs« genauso sein wie Firmen aus ärmeren EU-Ländern, die Arbeitskräfte nach Deutschland »entsenden«, wie es bürokratisch ausgedrückt heißt. In absoluten Zahlen gesprochen ist seit 1995 pro

Jahr für 34 Mrd. Euro weniger Arbeit für regulär fest angestellte Mitarbeiter in Deutschland vorhanden. Dem Preisdruck bei der Vergabe sei Dank. Gebäude sind in dieser Zeit jedoch nicht wirklich billiger geworden. Ganz im Gegenteil. Es gibt immer mehr Streit beim Bauen; die Bauprojekte laufen immer schlechter. Der hohe Zuwachs an notwendigen Fachanwälten für Bau- und Architektenrecht zeigt dies eindeutig.

Das ist wohl eine der interessantesten Fehlentwicklungen des BauWesens. Der scheinbar hohe Effizienzdruck durch die Vergabe an den niedrigsten Preis führt zu immer weniger Effizienz und Qualität beim Endergebnis. Viele Projekte laufen völlig aus dem Ruder. Warum ist das so?

Gehen wir wieder zu unserer Betrachtung der Entwicklung und Realisierung eines Bauwerks als BauUnternehmung auf Zeit zurück. In dieser BauUnternehmung ist die Entwicklungs- und Produktionsmannschaft ad hoc zusammengestellt. Alles ist temporär. Mit dem System der Subs, Sub-Subs und Sub-Sub-Subs kommt nun eine weitere Dimension an Unsicherheit und Risiko dazu.

Jeder Temporäre in unserem Bauunternehmen stellt weitere temporäre Mitarbeiter in der BauUnternehmung ein. Es gibt für diese Einstellung kein Auswahlverfahren, keine Personalabteilung und keinen Personalleiter. Jeder im Bauunternehmen bringt mit, wen er will. Billig ist das Einstellungskriterium. Und jeder, der mitgebracht wurde, kann wieder neue Leute einstellen und mit in den Betrieb bringen.

Der Chef und die Führungsebene unserer BauUnternehmung haben also keinerlei Kontrolle darüber, wer wann und wie für sie arbeitet. Die Mitarbeiter dieser BauUnternehmung kennen sich überhaupt nicht.

Und dann kommen alle am Montagmorgen mit ihrem Werkzeug und Material an der Baustelle an und wollen zusammen ein Unikat bauen. Ein Gebäude, für das es keine vollständige Beschreibung gibt, in dessen Beschreibung sicher Fehler sind und dessen Definition sich noch jederzeit ändern kann. Jeder auf der Baustelle hat nur einen Werkvertrag für eine »genau« vordefinierte Arbeit in der Tasche. Dass etwas anders kommt, ist da nicht vorgesehen. Aber für die Subs weiter oben in der Unternehmenshierarchie sehr lukrativ. Da kann man schon mal einen Sub weiter unten finanziell verhungern lassen. Die Subs werden in der Wirtschaftslehre und den Hochglanzpublikationen der Baubranche als »Nach-Unternehmer« bezeichnet. Das kommt daher, dass diese Art von Unternehmen bei der Bezahlung ihrer Rechnungen systematisch das »Nach«-Sehen hat. Die Firmen weiter oben in der Hierarchie zahlen aus fadenscheinigen Gründen die Rechnungen dem Sub weiter unten nicht. Entsprechend hoch ist die Sterberate bei Nachunternehmern durch Insolvenz. Denen geht nicht die Arbeit aus, sondern das Geld, um ihre offenen Rechnungen zu bezahlen. Ein ganz perfide Ausprägung des Sub-Sub-Sub-Unternehmertums ist der Umgang mit Mängelanzeigen. Statt mit dem Bauherren über jeden einzelnen Punkt einer Abnahmemängelliste zu streiten, akzeptiert ein Generalunternehmer die lange Liste und handelt als Abgeltung einen pauschalen Betrag per Fall aus. Diesen Pauschalbetrag stellt der GU dann mit einem satten Gewinnaufschlag seinen Subunternehmern in Rechnungen. Diese machen das genauso und reichen die Rechnung mit einem eigenen Gewinnaufschlag weiter usw. So wird aus schlechter Qualität noch ein gutes Geschäft. Dazu braucht es Anwälte, Gutachter und harte Kaufleute. Mit Bauen hat das nichts zu tun. Im Nebeneffekt werden einfach die finanziell und organisatorisch schwächsten Firmen kaputt gemacht. Wer noch selber Leute auf der Baustelle arbeiten hat und Material einkaufen muss, ist doch auch selber schuld. Hätte er doch lieber auch Sub-Unternehmer für sich arbeiten lassen.

Abb. 31 In einer Sub-Sub-Sub-Kette kann viel schiefgehen. Dutzende von solchen Ketten sind zeitgleich auf einer Baustelle unterwegs. Es klemmt nicht immer, aber immer öfter.

Die vielen Sub-Sub-Ketten machen den Bauprozess ineffizienter, unflexibler und sorgen für viele Abstimmungsprobleme. Fehlende Loyalität und Vertrautheit lässt viel mehr Fehler und Pfusch entstehen. Der deutsche Gesetzgeber fördert das Sub-Unternehmertum nach Kräften. Die öffentliche Hand braucht es nämlich dringend auch in der extremsten Ausprägung. Denn es erleichtert den Bau-Budgetbetrug und nützt damit den regierenden Politikern, über das Geld von Bauprojekten an der Macht zu bleiben. Ein Preis dafür ist der Niedergang der einstmals stolzen deutschen Baufirmen wie Bilfinger und Berger, Hochtief und Züblin. Sie sind inzwischen alle in ausländischen Händen und bauen in Deutschland immer weniger. Bilfinger Berger hat sich davon schon ganz verabschiedet. Hochtief ist dabei und nur Züblin scheint noch mit dem Geschäftsmodell einer gesamtverantwortlichen Baufirma überleben zu können.

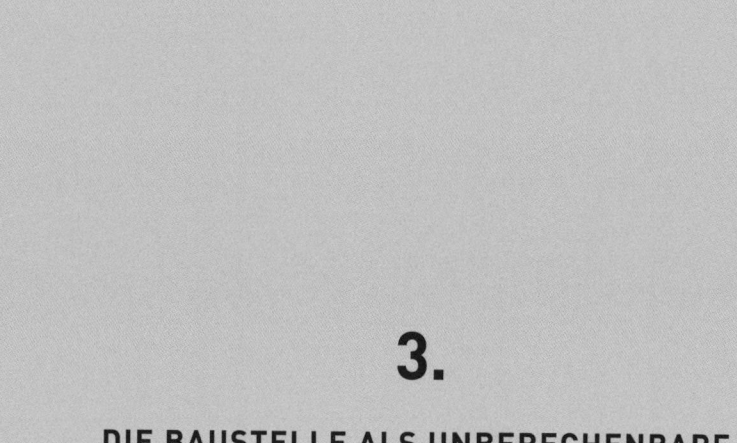

3.

DIE BAUSTELLE ALS UNBERECHENBARE OPEN-AIR PRODUKTIONSSTÄTTE

Enge Terminpläne und knappe Budgets vor dem Hintergrund der realen, täglichen Widrigkeiten einer Baustelle. Die Führung denkt, die menschliche Schwäche lenkt.

Bauarbeiter arbeiten täglich in BauUnternehmungen, die systembedingt chaotisch organisiert und eigentlich nicht zu führen sind. Im vorgehenden Kapitel wurde gezeigt, wie die Grundkonstellation von BauUnternehmungen jedem Gedanken von Qualität, Effizienz und Planbarkeit zuwider läuft.

Trotz völlig unrealistischer Budgetansätze und enormer Interessenskonflikte finden auf Baustellen fremde Menschen immer wieder Wege, um nebeneinander und miteinander unter hohem Druck ein Gebäude zu produzieren.

Das geht nur, weil die Menschen auf der Baustelle ihren Arbeits- und Leistungswillen höher gewichten als kurzfristige egoistische Interessen oder Bequemlichkeit. So kann auch »Unmögliches« möglich werden. Diese Menschen sollten geehrt werden und Podiumsplätze bekommen. Es ist nicht richtig, dass ihre Arbeit so wenig Wertschätzung erfährt und ihnen die Schuld für systembedingte Probleme des Bauwesens zugeschoben wird. Sie müssen die systembedingte Ineffizienz des Bauwesens ausbaden - durch weniger Lohn.

Abb. 32 Bauleute auf dem Podium bei der Preisverleihung. Gegen alle Widrigkeiten und Interessenkonflikte haben sie ein Gebäude gut fertiggebaut. Sie verdienen einen Podiumsplatz!

Die Handwerker auf dem Bau sind Fachleute. Sie haben sich einen anspruchsvollen Beruf ausgesucht. Sie besitzen Leistungswillen und Kompetenz. Sie können auf kompensieren Bauleute vor Ort, sofern sie dazu motiviert sind. Falls die Bauleute jedoch demotiviert sind, werden aus solchen normalen Lücken und Fehlern plötzlich große Probleme, die auch zu kostspieligem Verzug im Baufortschritt führen.

Wenn Bauleute sich schlecht behandelt fühlen sowie fachlich und sprachlich überfordert sind, steigt das Problempotenzial jeder Ungereimtheit oder Störung im Baubetrieb weiter an. Der nachfolgende E-Mail-Verkehr zwischen einem Bauleiter eines großen deutschen Generalunternehmens und einem der Mitautoren macht die Situation auf deutschen Baustellen deutlich.

E-MAIL VOM 30.5.2014

Sehr geehrter Herr Kranz,
wollte mich mal wieder melden. Ich hoffe Ihnen geht es gut. Sie hatten damals völlig recht, als Bauleiter ist man der Prügelknabe für alle.
Es ist sehr schwer, dort einen guten Job zu machen. Die Qualität der Nachunternehmer ist teilweise grottenschlecht. Ich habe da noch kein System gefunden, wie es besser laufen könnte.
Man sagt teilweise alles 10-mal und es wird trotzdem falsch ausgeführt. Liegt natürlich auch an der Verständigung, in meinem Fall sind es Rumänen.
Dann meckert auch der Bauherr noch, und der Projektsteuerer schlägt in die gleiche Kerbe. Da hat man Tage, da würde man sich am liebsten ins Auto setzen und heimfahren.

Mit freundlichen Grüßen
Von: Einem geplagten Bauleiter eines GUs, der vorher
bei einem Planer war, der pleite ging!

Wie schwierig ist es, sich über Sprach- und Kulturgrenzen hinweg zu einigen? Wie autonom und aktionsfähig sind die Bauleute vor Ort dann noch?

Die Qualität eines Bauprojekts kann nicht besser sein als die Qualität der Menschen, die daran arbeiten. Die Idee, daran könnte ein genialer Projektleiter oder ein großer Plan etwas ändern, ist gerade beim Bau total absurd. Die nachfolgenden Beispiele machen dies noch einmal deutlich und nachvollziehbar.

Material und Werkzeuge bekommen Beine

Wenn in einem normalen Büro oder Industrieunternehmen Arbeitsmittel entwendet werden, gibt es große Aufregung. Für die Mitarbeiter ist so etwas schwer hinnehmbar. Diebstahl erzeugt ein Gefühl der Unsicherheit. Der Verlust verursacht für die Wiederbeschaffung viel Aufwand. Arbeit bleibt liegen und verzögert sich.

Kommt es häufig vor, werden Betriebsrat, Polizei und Personalabteilung eingeschaltet. Videoüberwachung und Sicherheitstüren sollen Abhilfe schaffen.

Wenn Sie nicht in einem normalen Betrieb oder Büro arbeiten, sondern auf einer Baustelle, müssen Sie sich damit abfinden, dass Ihnen Arbeitsmittel abhandenkommen. Willkommen auf der Baustelle.

Der Controller eines großen Anlagenbauers für Gebäudetechnik beschrieb mir seine Mühe mit der Nachkalkulation von Aufträgen und der vorausschauenden Bewirtschaftung des Lagers so: Die Monteure müssen für einen Auftrag häufig mehr Material aus dem Lager entnehmen, als in den Anlagenplänen eingezeichnet ist. Das Material sei auf der Baustelle verschwunden, ist die Erklärung.

Für den Monteur ist dies unangenehm, setzt es ihn doch implizit dem Pauschalverdacht der Untreue aus. Der betroffene Auftrag sinkt in der Profitabilität, weil der Materialeinsatz höher ist als in der Angebotskalkulation. Man wusste ja vorher nicht, wie es auf der späteren Baustelle zugehen wird.

Abb. 33 Auf der Baustelle: Werkzeuge haben Beine; nicht einmal festschrauben, festbinden und festschweißen hilft.

Neben den finanziellen Problemen mit der Kalkulation gibt es einen weiteren gravierenderen Effekt. Das gemäß dem Plan zu viel aus dem Lager entnommene Material war schon für einen anderen Auftrag oder für eine andere Baustelle mit engem Zeitfenster verplant. Wenn diese Monteure nun ihr Material aus dem Lager beziehen wollen, finden sie nicht mehr genug Material. Sie können nicht wie geplant und verlangt arbeiten. Bei ihrem Projekt folgen zeitlicher Verzug und Leerlauf. Zeitpläne kommen ins Rutschen. Kosten übersteigen das Budget. Niemand hat einen »Fehler« gemacht und niemand ist schuld. Die Außenwelt versteht das nicht.

Es gibt einen Kosmos, in dem sich die menschlichen Stärken und auch Schwächen besonders gut ausleben lassen, in dem die Versuchungen besonders groß sind. Das ist die Baustelle.

Material und Werkzeuge als Bremsklötze auf der Baustelle

Neben großen menschlichen Stärken zeigen sich auf der Baustelle natürlich auch die Schwächen besonders deutlich. Mangelnde Ordnung und Disziplin gehören in diese Kategorie. Auf Baustellen kann dies gravierende Folgen für den Projektzeitplan und die Effizienz haben.

In den letzten Monaten der Bauzeit werden große Mengen an Material und Gerätschaften für den Innenausbau und die Haustechnik angeliefert. Alles soll ins Gebäude rein. Die Gänge des Gebäudes sind aber nicht als Zwischenlager ausgelegt. Schnell sind alle vorhandenen Flächen zugestellt. Materialien verschiedener Firmen liegen nebeneinander und aufeinander.

Genau an der Stelle, wo fünf Paletten Fliesen geparkt sind, muss jemand noch mal »schnell« einen Verkabelungsfehler korrigieren. Wo ist der Gabelstapler? Wohin die Paletten verschieben, wenn rechts und links auch schon Material steht? Also einfach in den Durchgang stellen? Damit ist für andere der Transportweg versperrt. Diese verlieren Zeit. Stunden, die ihnen niemand bezahlt.

Ein maschineller Transport von Material ist nicht mehr möglich. Nun bleibt noch Handtransport; dieser kostet noch mehr Zeit und macht dazu noch müde.

In dieser Situation besteht nun grundsätzlich die Möglichkeit, eine »Behinderungsanzeige« zu machen. Bau-Auftragnehmer können nach Abschluss ihrer Arbeiten später Mehrkosten geltend machen. Für die untergeordneten Sub-Unternehmen ist dies jedoch nur Theorie. Sie haben weder die kaufmännische Organisation für eine beweissichere Mehrkostenerfassung vor Ort, noch haben sie die Stärke, diese Kosten später in der Kette der vielen Auftragnehmer bis zum Bauherrn durchzusetzen. Es wird einfach nicht bezahlt.

Zur Sicherung der Baufortschritte und Endtermine gibt es Bauherren, die eine besondere Lösung für das Platz- und Transportproblem implementiert haben. Sie unterhalten eigene Räumtrupps, die nachts durch die Baustelle patrouillieren und Material außerhalb genau zugewiesener Bereiche als Müll deklarieren und sofort entsorgen. Damit fehlt am anderen Morgen wieder Material und erneut verschieben sich dadurch Termine. Es gibt zusätzlichen Stress für die Menschen am Bau, die Projektleiter und den Bauherrn.

Zeitdruck bremst

Das Bauprojekt verhält sich phasenweise wie ein Trichter mit Sand. Wird von oben gedrückt, kommt unten weniger raus statt mehr. Maßnahmen, die eigentlich helfen, können eine fatale Wirkung haben. Ab einem bestimmten Druckniveau wird aus Anspannung eben Verkrampfung. Dennoch wird versucht, verlorene Zeit durch massiven Druck auf die Arbeiter und Subunternehmer aufzuholen.

Abb. 34 Die klassischen Druckmittel, damit es am Bau schneller geht.

Der langjährige Geschäftsführer eines mittelgroßen Unternehmens für technische Gebäudeausrüstung erklärte mir eindrücklich den Effekt des Überdrucks auf Baustellen. Er beschrieb mir ein Phänomen, das er »Ameisenrennen« nennt. Er habe sich darauf eingestellt, obwohl es eigentlich gar nicht existieren sollte. An diesem Phänomen wundert ihn besonders die Beständigkeit. Er erlebte es in mehr als 30 Jahren operativer Erfahrung im Bau. Hoch entwickelte Projektmanagementsoftware und IT-Hilfsmittel hätten daran genauso wenig etwas wesentlich verbessert wie umfangreiche Fachliteratur und Ausbildung zu den Themen »Projekt- und Baumanagement«.

Das »Ameisenrennen« entsteht, wenn Fertigstellungen bzw. Projektmeilensteine nahen. Er beschrieb die Dynamik wie folgt: In der Regel sind Personalressourcen knapp. Gleichzeitig sind Selbstdisziplin und Weitblick eben keine klassische Stärke vieler Bauunternehmer.
Der Auftrag ist schon seit sechs Monaten im Haus, zu diesem Zeitpunkt war der Rohbau gerade fertig. Das Innere des Gebäudes war noch leer. Ideale Bedingungen, um den Einsatz seiner Mitarbeiter dort kurzfristig einzuplanen. Diese sind aber noch auf anderen Baustellen beschäftigt, deren Endtermin wichtig ist. Also lässt man die Zeit verrinnen und wartet noch ab.
Es könnte aber bei einer Baustelle unvorhersehbaren Verzug geben. Dann hat man plötzlich überzählige Personalressourcen frei. Statt vorausschauend zu planen und entsprechend die Einsatzorte der Monteure zu verlegen, greift man unter dem Druck des Tagesgeschäfts lieber zu einer naheliegenden und einfachen Planungsmethode. Es wird einfach vom Endtermin rückwärts gerechnet. Das hat auch den Vorteil der sicheren Motivation und klaren Zielvorgabe für die Mitarbeiter. Es wird auf ein fixes Ziel hingearbeitet, an dessen Ende die »Umzugswagen« vor der Türe stehen und die Gebäudenutzer rein möchten. So entsteht natürlich Druck.

Die Kalkulation für den ersten Einsatztermin der Montagemannschaft ist einfach. Der Arbeitsumfang und der Inhalt sind bekannt, genau wie die Arbeitsleistung eines Mitarbeiters pro Tag. Es kommt dann noch ein Sicherheitsabschlag von 30 Prozent dazu. So hoch ist erfahrungsgemäß der Verlust an Produktivität eines Mitarbeiters in der Arbeitsumgebung »Baustelle« gegenüber der Montagehalle im eigenen Betrieb.

Diese Kalkulation und Planung funktioniert gut, wenn die anderen Unternehmen auf derselben Baustelle nicht die gleiche Rückwärtsplanungsmethode nutzen. Man hofft darauf, dass die anderen es besser machen und das Projekt besser geplant haben, also schon vor dem Zeitdruck des Endtermins begonnen haben.

Die Geschäftsführer anderer Unternehmen stehen jedoch ebenso unter Druck und sind gestresst. Auch sie nutzen lieber die einfache Planungsmethode und planen die Einsatzterminpläne der Mitarbeiter rückwärts.

Plötzlich tauchen zu viele Menschen mit zu viel Material auf der Baustelle auf. Alle wollen am selben Objekt gleichzeitig auf den gleichen Endtermin hinarbeiten. Alle haben genau kalkulierte Zeitpläne, rechnen nur mit 30 Prozent Effizienzverlust. Wegen der großen Enge behindern sich die vielen Arbeiter gegenseitig und schaffen zeitraubende Probleme bei Materiallagerung und Transport. Die Arbeiter machen sich unabsichtlich sogar gegenseitig Arbeitsleistungen wieder zunichte. Da muss in eine Wand noch ein Kabel rein. Der Gipser war aber schon da und ist fertig. Dann wird wieder aufgeklopft. Hat der Gipser nun seinen Auftrag erledigt und damit ein Recht auf Bezahlung? Oder ist er mit seiner Leistung in Verzug? Aus solchen Situationen resultieren zahlreiche Gründe für Streit.

Die Zeit läuft weiter, der Fortschritt ist zu gering und der Platz wird immer enger. Als Folge hasten die Menschen immer hektischer umher. Es sieht dann eben aus wie in einem Ameisenhaufen. Was in diesen Zeiten auf der Baustelle wie und wo montiert wird, ist kaum durchgängig zu kontrollieren und zu dokumentieren. Wer geht in eine brummende Ameisenbaustelle rein und will die Arbeiter in ihrem Drang zum Endtermin aufhalten? Selbst wenn man dies wollte, würde es nie genug »Kontrolleure« geben. Das Shoppingcenter »Skyline Plaza« in Frankfurt hatte im Monat vor der Eröffnung mehr als 2.000 Arbeiter gleichzeitig auf der Baustelle beschäftigt. Große Bereiche des Gebäudes, wie zum Beispiel die zweigeschossige Tiefgarage, sind selbst hell erleuchtet ein einziges Labyrinth.

Solche Situationen lassen sich weder durch Software simulieren, noch beherrschen. Es hilft kein Drohen und Schimpfen. Dann braucht man wirkliche Führungspersonen und Vorbilder vor Ort. Menschen mit Qualitäten.

Die Macht des Wollen und Könnens

Diesen Buchabschnitt verdanke ich dem Engagement der Gewerkschaft IG Bau. Ein halbes Jahr nach dem Erscheinen des Buches »BauWesen / BauUnwesen: Warum geht Bauen in Deutschland schief?« im Juli 2014 hat die IG Bau ihren Mitgliedern eine PDF-Version des Buches kostenlos als Weihnachtslektüre zur Verfügung gestellt. Mit dem Entgelt konnte ich noch einige Farbcartoons für das vorliegende Buch erstellen lassen. Ein weiteres Ergebnis dieser Weihnachtsaktion war Feedback von normalen Bauarbeitern. Ein Leser hat mir als Reaktion einen besonders eindrücklichen Brief geschrieben. Den Teil des Briefes, der das Geschehen auf der Baustelle beschreibt, gebe ich nachfolgend wieder.

Guten Tag,

ich bin 46 Jahre und habe von 1986-88 Bautischler gelernt, danach bis 1990 dann im Wohnungsbaukombinat. Da hat zwar auch einiges nicht funktioniert, jedoch, wie ich meine, bei weitem nicht so schlimm wie das, was ich seit 1990 auf verschiedenen Baustellen als Zimmerer erlebt habe. Es fängt mit fehlenden Dokumenten/Bauplänen an. Vieles funktioniert nur auf Zuruf – übrigens fehlt in ihrer Aufzählung der Beteiligten der Statiker.
Für mich sind Statiker und Architekten die Götter auf dem Bau, ohne die läuft nichts, zumindest wenn sie nicht wollen. Einmal kamen die Maurer nicht weiter, weil der Statiker sich nicht bemüßigt gefühlt hatte, auszurechnen, welchen Träger die Maurer als Sturz verwenden sollten.

Ein anderes Mal kam der Prüfstatiker und sagte uns, dass wir gar nicht so viel hätten machen brauchen, wie der Statiker vorgegeben hat.

Und weil der Architekt keine Lust hatte im Dunkeln Licht zu machen und dadurch die Bauzeichnung Fragen offen ließ, kamen wir auch nicht voran. Erst als er sich nach einigen Tagen wieder sehen lies, konnten wir ihn dazu befragen.

Bauleiter – oder Bauleidende, da es keine Baupläne gibt, fehlt es auch an einer Planung. Wenn natürlich die Bauziele dynamisch sind, ist es auch kein Wunder, da es keine dynamischen Pläne auf Papier gibt – das könnte sich ja mit Smartphones oder Tabletts in Zukunft noch ändern.

Würden die Arbeiter über die Köpfe der Vorgesetzten hinweg sich nicht mit den anderen Gewerken verständigen, würde noch viel mehr schief laufen, da würde erst tapeziert und anschließend der Maurer kommen, um den noch nicht vorhanden Kabelschacht zu verputzen, weil der Elektriker von nichts weiß.

Gespart, bzw. es wird versucht an der Technik zu sparen und dafür mehr Handarbeiten ausführen zu lassen. So haben wir mit sechs Arbeitern Stahlträger von der Straße über die Brüstung in das Dachgeschoss eines Altberliner Hauses mit fünf Etagen hochgezogen.

Auch werden anfangs die Baustellen mit zwei Mitarbeitern besetzt um sagen zu können, dass man mit den Bauen angefangen hat, viel schafft man auf einer größeren Baustelle mit zwei Mitarbeitern natürlich nicht – und am Ende überschlagen sich dann alle wieder.

Baupleiten habe ich auch erlebt. Das lag wohl aber auch an den Illusionen meines damaligen Chefs. An dem Bauvorhaben war zuvor schon ein anderer gescheitert und die Vergabefirma suchte nach angeblichen Baumängeln, z. B. größere Fugen um Heizungsrohrdurchbrüche an Fliesen, um den Preis drücken zu können. ...

Dieser eindrückliche Erlebnisbericht liest sich wie aus einer anderen Welt. Es ist schwer zu verstehen, dass bei Nebenkosten von über 20% für Architekten und Ingenieure die Bauarbeiter sich so durchwursteln müssen. Wenn sich die Bauarbeiter noch sprachlich verstehen und eine fachliche Grundausbildung haben, geht das durchwursteln noch. Auf den heutigen Großbaustellen geht es eher babylonisch zu. Und niedrige Stundenlöhne schlagen als Zugangskriterium für eine Baustelle die fachliche Qualifikation um Längen. Wenn ein Bauarbeiter nichts versteht, wird er auch nicht unbequem für die Führungsebene der Bauprojektes. Die kann dann ungestörter Schuldige für Projektprobleme bei den Kleinen und Schwächeren weiter unter in der Baustellenhierarchie suchen.

Abb. 35 Die beste Überlebensstrategie auf Baustellen.

4.

BUDGETÜBERLADUNG:
ZU VIEL WOLLEN, ZU WENIG HABEN

Das Wollen und Wünschen geht immer an die Grenzen des Budgets. Diese Grenzen sind unsichtbar. Sie zu übertreten ist schädlich und kostspielig.

Jedes Produkt, mit dem wir öffentlich sichtbar werden, ist viel mehr als nur ein Gebrauchsartikel. Alle sehen es. Wir können damit zeigen, wer wir sind. Unser sichtbarer Besitz bestimmt, wie wir von unseren Mitmenschen wahrgenommen werden.

Durch Kleidung, Accessoires oder Fahrzeuge kann diese Wahrnehmung beeinflusst werden. Viele Menschen geben dafür viel Geld aus. Ein Haus als Besitz gilt als mindestens so prestigeträchtig und öffentlich wirksam wie Kleidung, Schmuck und ein Automobil. Das Bauwerk steht dabei für das soziale Prestige und die Identität einer Gruppe von Menschen (z. B. Familie), einer Organisation oder eines gesamten Unternehmens.

Schafft sich ein einzelner Mensch etwas Prestigeträchtiges an, so rücken funktionale und rationale Überlegungen in den Hintergrund. Die Wirkung beim Umfeld hat mehr Gewicht bei der Auswahl. Um diese Wirkung zu vergrößern und damit ein Stück mehr Ansehen zu erwerben, verschuldet er sich gerne bis an die Grenzen seiner finanziellen Möglichkeiten. Das Gefühl, dann mehr als der Nachbar oder die Kollegen zeigen zu können, ist es wert. Man muss für die damit verbundenen Belastungen und Risiken persönlich im weiteren Leben selbst geradestehen.

Schafft sich eine große Organisation oder Firma einen prestigeträchtigen Firmensitz an, gibt es diesen einzelnen, eindeutig Verantwortlichen nicht. Keiner muss persönlich die Last und die Risiken von Entscheidungen lebenslang tragen. Die Folgen von Anschaffungen werden sozialisiert. Was einer aus der Gruppe zu viel bestellt, zahlen alle andere mit. Wer widersteht dann schon der Versuchung auf Kosten anderer einmal richtig aus dem Vollen zu schöpfen.

Wenn schon einzelne Menschen für Prestige ihr Budget überziehen und Überschuldung in Kauf nehmen, wird bei Gruppen von Anspruchstellern mit Entscheidungsstrukturen ohne langfristige Verantwortlichkeit alles noch gravierender. Der Druck des »Mehr-Wollens« ist höher und Entscheidungen werden riskanter. Der ganze Prozess der

Findung, was man will und tatsächlich erwirbt, ist kompliziert und fehleranfällig. Die Gruppendynamik kann zu Ergebnissen führen, die eigentlich niemand wollte. Alle, die mitreden können, werden zu Mitwünschern. Die Hemmung und Zurückhaltung fällt mangels direkter Verantwortlichkeit für die Folgen weg. Bei Gebäudeprojekten wird damit der Überschuss an Wollen und Wünschen tendenziell sehr groß. Erschwerend dabei sind Inkonsistenzen von Wünschen unterschiedlicher Interessengruppen. Widersprüchliche Forderungen an ein und demselben Gebäude zu realisieren kostet extra viel und geht am Ende doch nicht.

Der Bauherr sieht sich also in der Regel mit einem Wunschzettel-Szenario konfrontiert. Alle schreiben auf, was sie sich wünschen. Die Aussicht auf ein neues Gebäude bietet für alle die Möglichkeit, sich innerhalb der Organisation bzw. des Unternehmens sichtbar besser zu positionieren. Alte Ungerechtigkeiten bei der Raumzuteilung und -ausstattung können korrigiert werden. Wer im bisherigen Gebäude schon Privilegien hatte, wird diese als seinen Besitzstand mit allen Mitteln verteidigen. Es geht also gar nicht um das Gebäude selbst, sondern um die Bedeutung für die vielen daran beteiligten Menschen.

LUKAS-EVANGELIUM

Das Problem mit dem zu großen Bauen bei Zu-wenig-Haben ist schon aus der Bibel bekannt. Nur gab es damals noch kein Bankenwesen, noch keine Rechtsanwälte und noch keine Öffentliche Hand mit unbegrenzten Finanzressourcen. Damals musste einfach vorsichtiger und mit mehr gesundem Menschenverstand gebaut werden.

LUKAS-EVANGELIUM 14,28-30

Angenommen, jemand von euch möchte ein Haus bauen. Setzt er sich da nicht zuerst hin und überschlägt die Kosten? Er muss doch wissen, ob seine Mittel reichen, um das Vorhaben auszuführen. Sonst kann er, nachdem er das Fundament gelegt hat, den Bau vielleicht nicht vollenden, und alle, die das sehen, werden ihn verspotten und sagen: Seht euch das an! Dieser Mensch hat angefangen zu bauen und war nicht imstande, es zu Ende zu führen.

Es ist klug und sinnvoll, beim Start eines Bauprojekts auf Vorrat zu fordern.

Soziales Prestige ist eine starke Triebfeder, die Anforderungen an ein neues Gebäude in den Himmel wachsen zu lassen. Schlechte Erfahrungen bei früheren Bauprojekten haben die gleiche Wirkung. Jeder, der schon Bauprojekte durchlebt hat weiß, dass im Laufe der Projekte ohne Rücksprache Teile der Mussforderungen an das neue Gebäude lautlos unter den Tisch fallen. Dies geschieht absichtlich aus Sparsamkeitsgründen oder einfach aus Schlamperei.

Jeder, der schon einmal bei der Erstellung eines Forderungskatalogs zurückstecken musste, weil er sich der Notwendigkeit seiner Forderung nicht sicher war weiß, dass er mit seinen Wünschen auf taube Ohren stößt, wenn das Gebäude steht. Ein Gebäude mitsamt seiner Ausrüstung wird ohne Flexibilität und ohne Reserven realisiert, weil so die Erstellung am billigsten ist. Wenn das Budget schon von Prestige und Minimalforderungen völlig überladen ist, fehlt das Geld, um eine Lösung zu wählen, die später einfach und schnell veränderbar oder zu erweitern ist. Flexibilität kostet Geld, das nicht mehr in das Baubudget passt.

Jeder, der sich nicht vor Baustart mit seinen Forderungen knallhart durchsetzt oder dabei nicht schon an potenzielle künftige Notwendigkeiten denkt, bekommt später den lapidaren Satz zu hören: »Da hätten Sie vorher dran denken müssen!«

Dazu ein Beispiel aus dem realen Leben.

Bei der Diskussion um ein neues Polizeipräsidium besteht der IT-Verantwortliche auf vier getrennten Netzwerken. Diese sollen in Glasfasertechnik ausgeführt und direkt an Dutzenden von Arbeitsplätzen verfügbar sein. Bislang begnügten sich die Polizisten mit einem Kupfer-LAN und einem WLAN pro Arbeitsplatz.

Dieser IT-Verantwortliche hat Bauerfahrung. Er muss mindestens zwei Netzwerke haben, darum fordert er am Anfang vier. Er weiß, dass in den sicheren Streichrunden eines der vier geforderten Netzwerke aus Kostengründen gestrichen werden wird. Dann sind es nur noch drei. Er kennt auch die schlechte Qualität der Lieferanten und Dienstleister, die bei der gängigen Auftragsvergabe der Öffentlichen Hand den Zuschlag bekommen.

Er rechnet damit, dass der Bau so schräg und chaotisch wie üblich verläuft. Eine wirksame Bauüberwachung durch professionelle Fachplaner darf gemäß der Vorgaben seines Dienstherrn aus Ersparnisgründen nicht beauftragt werden. Das sollen die Mitarbeiter der Liegenschaftsämter mitmachen. Leider hat da jemand anderes am Stellenschlüssel gedreht und die Mannschaft des Liegenschaftsamts ist hoffnungslos unterbesetzt.

In der Folge ist es sehr wahrscheinlich, dass der IT-Chef bei der Übergabe des neuen Bauwerks nur zwei realisierte Netzwerke vorfindet. Das Dritte fiel dem Bauprozess zum Opfer. War keine böse Absicht, ist einfach nur dumm gelaufen. Da wie üblich alles kostenmäßig bis zum Äußersten optimiert wurde, ist keine Platzreserve für ein zusätzliches Kabel und Schaltschränke vorhanden.

Unser IT-Chef weiß, dass Gebäude unter Preisdruck auch bewusst so gebaut werden, dass nachträgliche Änderungen extrem teuer sind. Das ermöglicht dann profitable Aufträge für Nacharbeiten. Diese kostspieligen Nacharbeiten werden dann einfach von anderen neuen Baumaßnahmen abgezweigt. Dort muss dann eben etwas mehr gespart werden. So pflanzt sich die Geldverschwendung endlos fort.

Ein neues Gebäude sieht bei Einzug von außen immer prestigeträchtig aus, passt aber für den Nutzer nicht. Es ist wie bei einem Luxusschuh, der beim Laufen Blasen verursacht. Was den Nutzer drückt, sieht niemand. Wenn unser IT-Chef nicht Besseres zu tun hat, kann er wegen der fehlenden Netzwerke Schadensersatzklagen anstrengen. Dann müsste er jedoch die verquere Logik der Forderungen von zu vielen Netzwerken offen legen.

Mitte 2013 begann ich mit der Recherche für dieses Buch. Als ich damals in einer Diskussion den IT-Chef vier Netzwerke mit Glasfaser fordern hörte, hielt ich ihn für abgehoben. Ein Jahr später halte ich den gleichen Mann für sehr klug und weise. Er hat sich einfach den Realitäten des Bauwesens angepasst. Mit seinen »überzogenen« Forderungen stellt er nur sicher, dass ein neues Polizeipräsidium zumindest zwei getrennte Hochleistungs-IT-Netze hat. Das ist sinnvoll.

Als Summe der Wunsch- und Forderungsdynamik beim Projektstart entsteht eine Situation, bei der das bewilligte Budget und die geplante Bauzeit niemals reichen werden. Das wird nachfolgend »Budgetüberladung« genannt. In dieser Lage wird beim Bauherrn jemand beauftragt, zu kürzen und zu streichen. Das ist der wohl undankbarste und frustrierendste Job. Denn beim Streichen geht es nicht mehr um rationale Notwendigkeiten und um den Budgetrahmen. Das Streichen von Wünschen und Forderungen wird zu einem Kampf um Macht und Status zwischen allen beteiligten Gruppen und Personen. Eine erreichte Streichung wirkt wie eine bewusste Bestrafung oder ein Zeichen minderer Wertschätzung. Wer freiwillig nachgibt, gibt damit indirekt zu, vorher Unnötiges gefordert zu haben. Wer Kompromisse eingeht, wird von seiner Interessengruppe als Weichei gebrandmarkt. Die Mannschaft merkt auch schnell, dass der oberste Chef das Streichen nur halbherzig unterstützt. Auch ein Boss will es sich nicht unnötig mit wichtigen Unternehmensteilen verscherzen. Eigentlich will auch er größer und schöner bauen, als es vernünftig wäre. Die Größe und der Glanz des neuen Bauwerks sind auch Zeichen seiner Macht. Die Freunde im Golfklub werden blass vor Neid sein.
Als Ergebnis des ganzen Prozesses der Grundlagenermittlung für das neue Gebäude klafft beim Projektstart eine riesige Lücke zwischen tatsächlich kalkulierten Kosten für das Wunschgebäude und dem genehmigten

Budget. Das Budget ist hoffnungslos überladen, trotzdem baut man los. Niemand kann oder will diese grundsätzliche Schieflage des Bauprojektes noch ändern. Man hat keine Zeit für weitere Diskussionsrunden. Jeder Verzug beim Starten bringt den Bezugstermin gleichfalls zum Rutschen. Dieser Termin ist jedoch von Oben bereits breit kommuniziert worden.

Die Bauingenieure sind auch schon lange so weit und wollen loslegen. Innenausbau und technische Ausrüstung werden sich noch finden. Da bleibt später noch Zeit.

Abb. 36 Gute Basis für Erfolg einer BauUnternehmung: Struktur und Budget passen zu den Ansprüchen an das neue Gebäude in puncto Größe, Prestige, Komfort und Energieeffizienz.

In dieser Situation zeigt sich ein großer Unterschied zwischen der Anschaffung eines prestigeträchtigen Gebäudes und dem Kauf eines eindrucksvollen Autos.

Wenn Sie nicht genug Geld haben, verkauft Ihnen niemand das Auto. Beim Bauen finden Sie jedoch immer Leute, die Ihnen versprechen, Ihre Wünsche zu Ihrem Budget zu erfüllen.

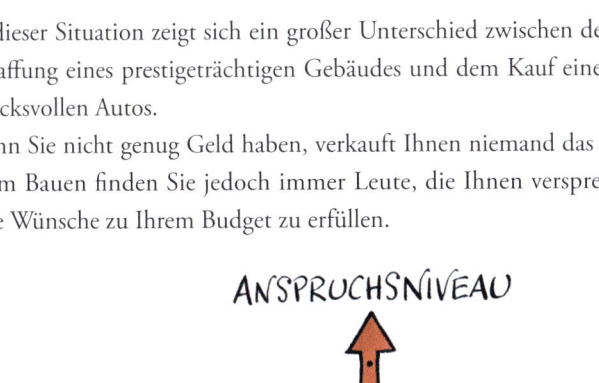

Abb. 37 Budgetüberladung: die typische Startbedingung eines Bauprojekts. Zu viel, zu teuer, zu komplex für zu wenig Geld.

Denn bei Gebäuden weiß hinterher niemand, was sie bis zur Fertigstellung wirklich gekostet haben. Weil es meist viel teurer wird, will das auch niemand wirklich wissen. Schwamm drüber. Durch geschickte

Kostenstellen-Akrobatik scheint das Projekt noch immer akzeptabel kalkuliert. Bei Betriebskosten, also Unterhalt und Servicekosten pro Jahr und Quadratmeter, geht es genauso. Viel zu hoch macht nichts. Sie sind und bleiben unbekannt. Am Ende kennt niemand die wirklichen Zahlen und weil bei der Vertuschung der unangenehmen Wahrheiten auch noch Rechenfehler gemacht werden, will niemand verbindliche Zahlen nennen.

Das zu geringe Budget ist die einzige Bezugsgröße bei der Planung eines Gebäudes, der Rest ist variabel und bleibt verdeckt. Das lässt viel Spielraum für Täuschungen. Kostenillusionen sind epidemisch auftretende Fehler von Bauwerken. Sie sind das alles bestimmende Wesen des Bauens. Sie belasten Bauwerke lebenslang. Nur gut, dass negative Auswirklungen dieser Belastung bislang nicht verlässlich gerechnet werden können. Ein noch unbearbeitetes Feld für die Wissenschaft.

Bei Autos weiß jeder, dass gutes Design und Qualität nicht billig sind. Bei Gebäuden glaubt man gerne noch an Wunder und rechnet mit glücklicher Fügung im Bauverlauf. Beim Bau gibt es keine Marken als Orientierungshilfe. Gebäude sind keine Serienprodukte, die vor dem Kauf entwickelt und getestet werden. Es gibt außer Quadratmeter oder Kubikmeter keine gut nachprüfbaren Leistungsdaten. Jedes Gebäude ist ein Unikat. Genau einmal, für einen einzigartigen Ort und einen ganz individuellen Bauherrn, werden diese im wahrsten Sinne des Wortes aus dem Boden gestampft.

Jeder Bauherr trifft Entscheidungen über Dinge, die er nicht überblicken kann. Er verlässt sich auf Fachleute. Diese wiederum beraten ihn mit einem primären Ziel: Sie wollen den Auftrag. Um diesen Auftrag zu bekommen, muss das Wohlwollen des Bauherrn gewonnen werden. Dieser will lieber mit Fachleuten arbeiten, die ihm sagen, was er hören will. *»Ja, das geht. Auch das können wir machen. Und dafür werden wir auch noch Platz im Budget finden, usw.«*

Jeder, der entscheidet, möchte gerne den attraktiven Angeboten und Versprechungen glauben, die ihm Wege aufzeigen, ein begeisterndes repräsentatives Gebäude zu bekommen, das eigentlich über dem rationalen Bedarf und der aktuellen Finanzkraft liegt. Wer das Meiste an Gebäude für ein gegebenes Budget verspricht, wird beauftragt.

Abb. 38 Die Folge von Budgetüberladung: So sieht eine Struktur einer BauUnternehmung aus, wenn Ansprüche an das Bauwerk nicht durch ein passendes Budget abgedeckt sind.

Somit wird die BauUnternehmung also mit einer etwas dünnen und schwachen Organisation gestartet. Es bleibt immer noch die Hoffnung auf Einsparpotenzial beim Material oder auf Effizienzgewinne, die erst beim Bauen erkannt werden. Ein Mensch glaubt viel Verrücktes, wenn es seinen Wünschen entgegenkommt.

Maximaler Spardruck ist nach Projektstart das bestimmende Wesen des gesamten Bauvorhabens. Jeder wird davon erfasst. Die Sub-, Sub-Sub- und Sub-Sub-Sub-Unternehmen müssen noch günstiger arbeiten. Deutsche Bauarbeiter gehen auch nicht mehr. Mit osteuropäischen »Ich-AGs« gibt es sogar den Vorteil, dass sie auf der Baustelle leben und gerne zwölf Stunden am Tag arbeiten wollen. Bei den 400 »Ich-AGs«, die auf der Baustelle des »wunderschönen« »The Squaire« am Frankfurter Flughafen gearbeitet haben, konnten einige »Ich-AGs« sogar mehr als 24 Stunden Arbeitszeit am Tag abrechnen. Wie das geht? Mir wurde berichtet, dass Einige die Unübersichtlichkeit der riesigen Baustelle nutzten, um an mehreren Stellen gleichzeitig zu »arbeiten« und entsprechend mehr Stunden zu schreiben. So schaut eben jeder, wo er bleibt, auch die Menschen ganz unten.

Zu Beginn läuft eine BauUnternehmung trotz mangelnder finanzieller und personeller Ressourcenabdeckung scheinbar noch immer gut. Wenn durch die gesammelten Rechnungen klar wird, wie die Kosten aus dem Ruder laufen, lässt sich der Bau nicht mehr stoppen. Jeder sieht, dass es ein schiefes Bauprojekt ist. Nun kommt eine weitere menschliche Eigenheit ins Spiel. Wenn schon schief, dann aber richtig. Der Bauherr und seine Anspruchsgruppen agieren von nun an nach dem Motto: Und ist das Projekt schon ruiniert, dann spendiert sich's völlig ungeniert. Nun werden noch zusätzliche Forderungen eingebracht und teure Änderungen freigegeben.

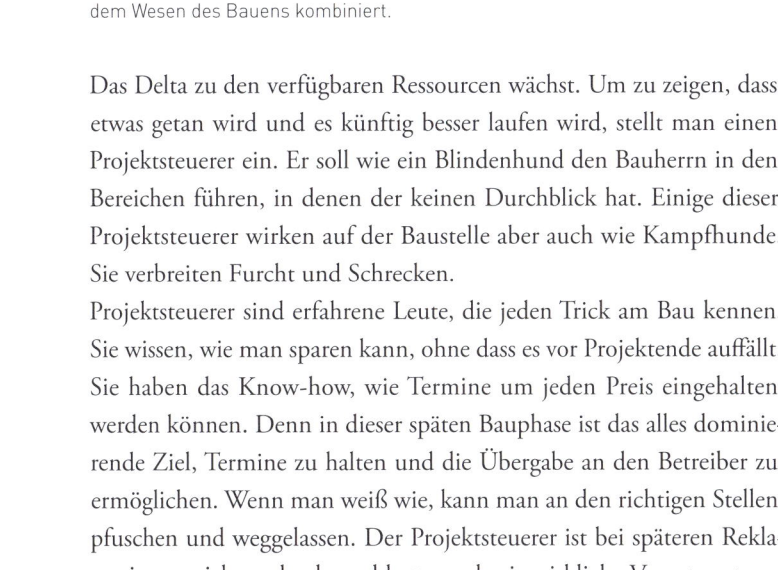

Abb. 39 Bauprojekte gehen beim Bauen nicht ernsthaft schief. Sie werden vom Bauherrn von vorneherein schief aufgesetzt. Zu wenig Ressourcen und Kompetenz werden mit zu großen Wünschen für das Gebäude und Ignoranz gegenüber dem Wesen des Bauens kombiniert.

Das Delta zu den verfügbaren Ressourcen wächst. Um zu zeigen, dass etwas getan wird und es künftig besser laufen wird, stellt man einen Projektsteuerer ein. Er soll wie ein Blindenhund den Bauherrn in den Bereichen führen, in denen der keinen Durchblick hat. Einige dieser Projektsteuerer wirken auf der Baustelle aber auch wie Kampfhunde. Sie verbreiten Furcht und Schrecken.

Projektsteuerer sind erfahrene Leute, die jeden Trick am Bau kennen. Sie wissen, wie man sparen kann, ohne dass es vor Projektende auffällt. Sie haben das Know-how, wie Termine um jeden Preis eingehalten werden können. Denn in dieser späten Bauphase ist das alles dominierende Ziel, Termine zu halten und die Übergabe an den Betreiber zu ermöglichen. Wenn man weiß wie, kann man an den richtigen Stellen pfuschen und weglassen. Der Projektsteuerer ist bei späteren Reklamationen nicht mehr da und hatte auch nie wirkliche Verantwortung für das Gebäude selbst; die blieb immer beim Bauherrn, dem Architekten und seinen Fachplanern.

Abb. 40 Pfusch und Weglassen sind Folgen von Budgetüberladung. Der Bauspezialist »Projektsteuerer« hilft dabei, dass dies auch termingerecht erfolgt.

Pfusch am Bau in neuem Licht

An dieser Stelle soll Folgendes klar werden: Die Menschen, die bauen, sind in der Regel qualifizierte Fachleute und keine Pfuscher. 50 Prozent der circa 750.000 Mitarbeiter im deutschen Bauhauptgewerbe sind Facharbeiter, die wissen, wie man gut arbeitet und die dies auch können.

Aber, was die Bauleute unter Druck abliefern, ist oft Pfusch. Das ist genauso wie bei jeder anderen Arbeit im Büro oder der Fabrikhalle. Die Bauleute bemühen sich, mit den Plänen, den Materialien, der Zeit und dem Geld, das zur Verfügung steht, die bestmögliche Arbeit abzuliefern. Wenn die Rahmenbedingungen für ihre Arbeit komplett schief sind, haben Bauleute aber keine Wahl. Was dabei herauskommt, wird vom späteren Nutzer oder Betreiber als Pfusch empfunden. Dabei sind die Pfuscher nicht die Arbeiter vor Ort, sondern sitzen in den Büros der Führungsebene des Projekts. Der Bauherr selbst ist der Verursacher; er will es nur nicht zugeben.

Abb. 41 Das Symbol für das BauUnwesen. Zu groß, zu komplex bauen, zu wenig Kompetenz und Mittel dafür haben. Das ist der wahre Pfusch beim Bauen. Der Bauherr als Verursacher für den Pfusch am Bau macht sich rechtzeitig aus dem Staube. Seine Sachverständigen analysieren die Ursachen. Seine Rechtsanwälte suchen einen Schuldigen.

Resümee zu »Wünsche und Erwartungen, die in den Himmel wachsen«

Keiner hat es gewollt, doch alle haben dazu beigetragen. Alle haben verloren, keiner hat gewonnen. Der Bauherr hat sein zu großes, aufwändiges Gebäude zwar bekommen, aber er zahlt zu viel dafür: zuerst beim Bauen und später jedes Jahr für den Betrieb, lebenslang. Er hat sich darum gedrückt, vor Baubeginn für eine gesunde Abdeckung der Wünsche mit passenden Ressourcen, sprich Finanz- und Personalbudget, zu sorgen. Ein »chaotischer« Bauprozess regelt das Problem für ihn. Er sorgt »automatisch« dafür, indem ein Überhang an Nutzerwünschen einfach nicht realisiert wird. Nicht absichtlich, aber das ist später einfach »dumm gelaufen«. Keiner muss beleidigt sein, wenn seine Wünsche nicht berücksichtigt wurden. Beim Bau ist so etwas wie höhere Gewalt im Spiel. Es laufe überall schlecht, wird berichtet. Alle können auf die Bauleute und den Projektleiter schimpfen. Die Nutzer, deren Wünsche tatsächlich nicht unter den Tisch fallen, haben auch keine Freude. Sie müssen ernüchtert feststellen, dass die Anforderungen sehr schlecht umgesetzt wurden und praktisch unbrauchbar sind.

Es wird Auftragnehmer geben, die nach dem Projekt in finanzielle Schwierigkeiten geraten. Die Rechtsanwälte des Bauherrn versuchen mit juristischen Mitteln und mithilfe der von ihnen beauftragten Experten bei allen Beteiligten noch Geld zu holen. Weil sie die Wünsche des Bauherrn nicht erfüllt haben, wird nun jeder der Baubeteiligten, der einmal einen Fehler gemacht hat, juristisch verfolgt.

Wenn ein Bauherr sein Budget komplett überzogen hat, hilft ihm dieser juristische Kampf dabei, sein Gesicht zu wahren. Die anderen waren die Bösen und Schlechten, man selbst wurde böse abgezockt. Das ist die Botschaft. Im Erfolgsfall schickt man einen oder mehrere der finanziell schwachen Auftragnehmer bzw. »Subs« in den Ruin. Im Normalfall wird die Streiterei einfach nach ein bis zwei Jahren ergebnislos eingestellt. Retten konnte man die finanzielle Schieflage des Projekts im Nachhinein sowie nicht. Es ging um das Prinzip und um den eigenen Ruf. Wenn genug Gras über die Sache gewachsen ist, kann das juristische Kriegsbeil wieder begraben werden.

Juristische Aufarbeitungen schiefer Bauprojekte sind wie das Trauern nach einem Todesfall. Es tut der Seele gut, ändert aber nichts an den Tatsachen.

Budgetüberladung verteuert das Bauen und verschlechtert die Qualität

Die Folgen der Budgetüberladung werden völlig unterschätzt. Professionelle Bauherren und Länder mit einem transparenten öffentlichen Bauwesen versuchen, Budgetüberladung mit allen Mitteln zu vermeiden. Der Schlüsselsatz heißt bei diesen Bauherren »Design to cost«: »Ändere den Plan, wenn die Mittel nicht reichen.« In Deutschland gilt eher: »Nichts ist unmöglich« bzw. »Wird schon werden«. Wer keine unerschöpfliche Steuerkasse in der Hinterhand hat, um die Lücke später zu schließen, versucht mithilfe von Anwälten und Sachverständigen seine Auftragnehmer zu übervorteilen. Das funktioniert fast nie und macht am Ende die ganze BauUnternehmung nochmals teurer. Man zahlt doch den vollen Preis, hat ein schlecht gemachtes Gebäude und sitzt auf den Kosten für die rechtliche Streiterei.

Abb. 42 Die Budgetüberladung bei einem einfachen Gebäude. Wünsche und Anforderungen an das Bauwerk übersteigen das bereitgestellte Zielbudget; trotzdem geht es los.

Abb. 43 Die Folgen der Budgetüberladung bei einem einfachen Gebäude. Am Ende zahlt man den Preis eines realen Budgets plus Anwalt- und Gutachterkosten plus Folgekosten für schlechte Qualität.

Wenn Sie ein kleines bzw. einfaches Gebäude bauen, haben Sie eine überschaubare Anzahl von Partnern, die Sie im Auge behalten müssen. Die Organisationspyramide Ihrer BauUnternehmung ist noch klein. Wenn sich diese Pyramide nach oben etwas strecken muss und unten dünner wird, ist das betriebliche Baurisiko noch nicht gravierend. Wenn es schnell geht, brechen während der Bauzeit keine (Leid-) Tragenden am unteren Ende der Organisation zusammen. Wenn Sie aber Pech haben und Ihre Auftragnehmer schon angeschlagen und ausgepumpt in Ihr Bauvorhaben gehen, bricht Ihr wackeliges Projekt schon früh zusammen. Das kostet Zeit. Und Zeit ist Ihr Geld. Eben das Geld, das Sie eigentlich nicht haben und einsparen wollten. Die anderen Auftragnehmer werden mit allen erdenklichen Arten von Folgekosten auf Sie zukommen, zum Beispiel Behinderungskosten, Verzugskosten, Bereitstellungskosten etc.

Von nun an sind Sie auf einen guten Rechtsanwalt und gute Beweissicherung auf der Baustelle angewiesen.

Bei einfachen und kleinen Gebäuden ist der negative Effekt der Budgetüberladung nicht so gravierend. Werden jedoch große und komplexe Gebäude mit unzureichendem Budget gestartet, führt der hoffnungslose Versuch, das Ganze mit zu wenigen Mitteln zu realisieren, nicht nur zu einer schlechten Qualität beim Bauwerk, sondern auch zu enormen Kostenüberhöhungen. Die effektiven Kosten des realisierten Gebäudes werden am Ende viel höher als das zu Beginn angenommene, aber ignorierte realistische Budget. Der Architekt und die Fachplaner sind darauf trainiert und von Gesetzes wegen dafür bezahlt, dieses realistische Budget zu errechnen. Der Bauherr wollte es einfach nicht wahrnehmen. Mit Budgetüberhöhung zahlt er nicht nur den realistischen Preis für sein Wunschgebäude, er zahlt viel mehr dafür und bekommt es doch nicht. Private Bauherren können daran in die Pleite gehen, wie bei »The Squaire« in Frankfurt. Bei öffentlichen Projekten, wie der Elbphilharmonie, dem Berliner Flughafen und Stuttgart 21 passiert nichts. Der deutsche Bürger zahlt brav und geduldig. Reichen die Steuern nicht, erhöht man die Verschuldung oder kürzt woanders.

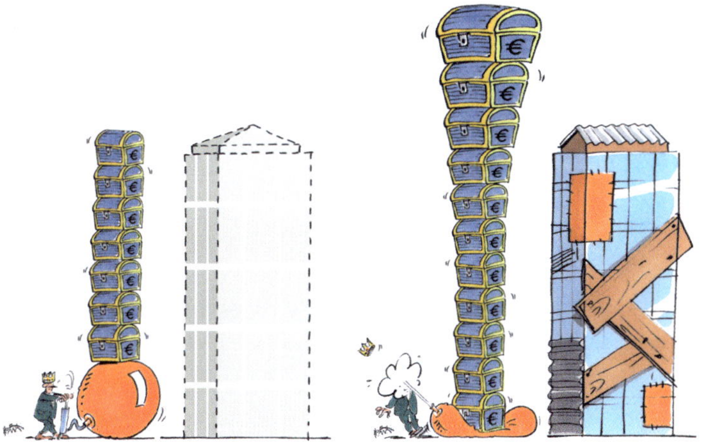

Abb. 44 Die Folgen der Budgetüberladung bei großen und anspruchsvollen Bauvorhaben. Das Bauwerk wird viel teurer, viel schlechter und hat eine viel längere Bauzeit als bei einem realistischen Startbudget.

Wenn das geplante Bauwerk groß ist, wird die Bauunternehmung zur Realisierung auch groß. Es sind viele Menschen und Firmen daran beteiligt. Es ist sehr schwierig, die Übersicht zu behalten und alles zu kontrollieren. Unzuverlässige und böswillige »Mitarbeiter« können ihre Schwächen gut ausleben.

Die Wahrscheinlichkeit, dass ein wichtiger Mitarbeiter bzw. Auftragsnehmer wegen Überlastung ausfällt, steigt und kommt häufiger vor. Die Organisationspyramide wird höher und damit der Druck nach unten größer. Wenn die Basis ausgedünnt ist und die Kopflastigkeit steigt, wird das Projekt sichtbar wackeliger. Alle arbeiten nahe an der Belastungsgrenze. Bei Ermüdung steigt die Fehlerrate. Alle anderen werden in Mitleidenschaft gezogen.

Wenn dann noch, wie beim Sparen üblich, billiges Material verwendet wird oder billige Lieferanten mit der Lieferung der Baumaterialien in Verzug kommen, laufen die Kosten über, obwohl bzw. weil alles so billig und »schlank« ist.

»Zuviel wollen, zu wenig haben« ist so alt wie das Bauen selbst

Zeitlich und finanziell ausufernde Bauprojekte besitzen eine lange Tradition. Könige, lokale Fürsten und die Kirche haben schon immer bauliche Großprojekte gestartet, für die nicht genügend Finanzmittel vorhanden waren.

Dabei war und ist nicht nur das Ego des jeweiligen Bauherrn die Hauptmotivation. Das Streben, sich »Denkmäler zu setzen«, ist nur einer von vielen Faktoren. Viel gewichtiger ist die stimulierende Wirkung von Bauprojekten auf die lokale Wirtschaft und die beteiligten Menschen. Dadurch entsteht eine starke Gruppendynamik. Bauen bedeutet Entwicklung und Identität. Die angehäuften Schulden geben ein klares Ziel und zwingen zum Zusammenhalt.

Diese Effekte gibt es auch bei kleinen Bauvorhaben. Für junge Eheleute, die mithilfe von Familie und Freunden ein eigenes Haus mit zwei

Kinderzimmern bauen, bedeutet es mehr, viel mehr, als nur einen Platz zum Leben. Die hohe Fremdfinanzierung ist eine gemeinsame Last für das Ehepaar. Um die Schuldenlast zu bewältigen, ist ein ehelicher Zusammenhalt für die kommenden Jahre zwingend.

Bauen Unternehmen große, repräsentative Firmenzentralen, zeigt dies nicht ihre Zuverlässigkeit und Kundenorientierung. Aber es hat zweifelsfrei eine sehr große Wirkung auf die »Corporate Identity«. Große Gebäude mit attraktiver Architektur vermitteln Kunden und Investoren ein Gefühl von Stärke und Sicherheit.

Dennoch wird immer nach Schuldigen gesucht, wenn Budget- und Terminpläne nicht eingehalten wurden. Der Bauherr steht unter Druck und sucht sich für gewöhnlich einen Schuldigen und bestraft ihn. Ändern wird sich dadurch nichts, aber die Gemüter sind vorerst beruhigt. Die wahre Ursache finanziell ausufernder Bauprojekte bleibt dem Publikum verborgen. Das wissen nur die Insider, also diejenigen, die davon profitiert haben.

Einer der größten Bauherren der Geschichte war Ludwig XIV, der Sonnenkönig. Er ging damals an die Grenzen der technischen Machbarkeit und seiner Staatskasse. Schon damals litten Bauprojekte am Grundübel des Bauens. Um die Finanzierungslücke zu verringern, wird nur noch auf niedrige Angebotspreise optimiert – Vergabe von Aufträgen ohne Rücksicht auf Qualität und Zuverlässigkeit. Der Bieter mit dem niedrigsten Angebotspreis gewinnt. Der unten stehende Brief des königlichen Baumeisters Sébastien Le Prestre, Seigneur de Vauban (1633-1707) an Ludwig XIV. zeigt die resultierenden Probleme eindrücklich. Seine Aussage ist heute noch top aktuell und passender denn je.

Dennoch hat uns Ludwig XIV. etwas Wunderbares wie Versailles gebaut. Dafür hat er 50 Jahre Steuern und Kredite gebraucht. Es wurde zu groß und zu schlecht gebaut. Die Heizung für die 20.000 Bewohner wurde weitgehend eingespart und im Schloss gab es praktisch keine sanitären Anlagen. Die Notdurft wurde in den Gängen verrichtet. Ein nächtlicher Putztrupp funktionierte als »Spülung« für das ganze Schloss. Die Unterhaltskosten waren sehr hoch. Nach der Französischen Revolution wurde das Schloss verlassen und verfiel. Nur dank der Rockefeller Stiftung steht es heute wieder glänzend da.

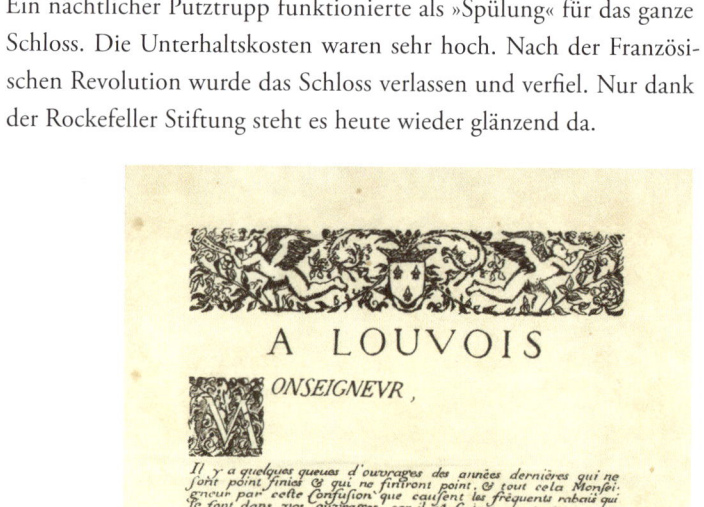

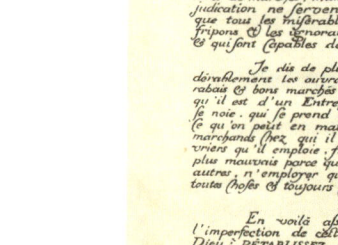

Abb. 45 Dieser Brief wurde bereits am 17. Juli 1683 von dem berühmten Baumeister de Vauban an Louvois, den Minister Ludwig XIV. geschrieben. (Quelle: fricotin.wordpress.com)

Euer Durchlaucht,

Es sind etliche Bauwerke aus den verflossenen Jahren, die zu keinem Ende gekommen sind und zu keinem Ende kommen und das alles, Euer Durchlaucht, weil diese Konfusion besteht, welche die häufigen Preisnachlässe verursachen, die bei den Bauten Eurer Durchlaucht gewährt werden, denn es ist gewiss wahr, dass all diese Vertragsbrüche, Wortbrüche und Erneuerungen der Ausschreibung nur dazu angetan sind, einem als Unternehmer alle die Armseligen herbeizuziehen, die auf Gottes Erde nicht wissen, was tun, die Spitzbuben und Nichtskönner, und dass sie alle die verjagen, die haben, was nottut und die ein Unternehmen zu führen verstehen.

Mir scheint sogar, dass sie die Bauten um ein gutes Stück verteuern und dass die selbigen nur schlechter werden, denn diese Preisnachlässe und billigen Käufe bestehen nur in der Einbildung.

Es geht nämlich mit einem Unternehmer wie mit einem Mann, der ertrinkt und sich an allem halten will, woran er kann.

Wenn sich aber ein Unternehmer an allem halten muss, was da ist, bedeutet das, dass er den Kaufmann nicht zahlt, bei dem er sein Material kauft, dass er die Arbeiter schlecht entlohnt, die in seinem Dienste stehen, dass er alle betrügt, die er betrügen kann und darum nur die schlechtesten behält, weil diese sich billiger verdingen als die anderen und dass er nur das elendeste Material benutzt, mit allen Dingen geizt und stets bald den, bald jenen um Barmherzigkeit anfleht.

Damit sei es genug, Euer Durchlaucht, um Ihnen die Mängel dieser Handlungsweise darzustellen. Geben Euer Durchlaucht sie doch in Gottes Namen auf. Lassen Sie wieder den guten Glauben regieren, gewähren Sie einen rechten Preis für die Bauarbeiten und verweigern Sie nicht seinen ehrlichen Lohn dem Unternehmer, der seine Pflicht erfüllt, denn das wird stets der wohlfeilste Kauf sein, den Euer Durchlaucht machen kann.

Vauban

Der Brief Vaubans beschreibt eindrücklich das gravierendste Grundübel bei Bauprojekten; die Auswahl von Auftragnehmern rein nach dem Angebotspreis. Es wird logisch erklärt, wie nachteilig und sinnlos das ist. Und dennoch hat sich bis heute nichts geändert. Es ist sogar schlimmer geworden, da in einer Demokratie die persönliche Verantwortung wegfällt. Der Sonnenkönig war ja auf Lebenszeit verantwortlich. Er konnte als Alleinherrscher auch nicht behaupten, ein anderer sei es gewesen. Er musste davon ausgehen seine Schulden und hohen Unterhaltskosten selbst tragen zu müssen. Und er war selbst Nutzer seines Bauwerkes. Das war sicher eine gute Grundmotivation, sich nicht völlig hemmungslos der Budgetüberladung hinzugeben. In einer Demokratie aber gibt nicht den einen klaren Verantwortlichen, es gibt viele Mitverantwortliche. Und die Mitverantwortlichen können davon ausgehen, nicht mehr im selben Amt zu sein wenn die Budgetüberladung offensichtlich wird. Sie können sogar auf die Hilfe der Presse rechnen, die dem Volk von Kostenexplosionen berichtet, die gar keine sind und sich mit Eifer auf die Geschichte eines scheinbar schuldigen Baumannes stürzt. Eines Menschen, der wie jeder Berufstätige bei Stress und Überlastung einen Fehler gemacht hat. Dessen Fehler kann schön skandalisiert und medial verkauft werden.

Was die eigentliche Ursache des ausufernden Bauprojektes war, geht unter. Ist ja auch egal. Die Verursacher sind sowieso nicht mehr verantwortlich.

Gegenüber den Zeiten des Absolutismus besteht heute in der Demokratie doch ein Fortschritt. Es gibt Untersuchungsausschüsse, die eine Art Trauerarbeit um das verschleuderte Geld verrichten. Und es gibt Reformkommissionen, die dem Volk eine ernsthafte und systematische Beschäftigung mit dem Problem vorgaukeln. Die dafür politisch Verantwortlichen wechseln häufig im Laufe der Kommissionsarbeit. Wenn nicht, bleibt immer noch die Hoffnung, dass mit der Zeit das Problem bzw. das öffentliche Interesse daran von selbst verschwindet.

In Deutschland ist das prominenteste Beispiel dafür die Reformkommission für Baugroßprojekte. Sie wurde im April 2013 unter medialem

Druck nach den Debakeln bei Berliner Flughafen und Elbphilharmonie vom damaligen Bauminister ins Leben gerufen. Der ist inzwischen nicht mehr im Amt und einen verantwortlichen Bauminister gibt es auch nicht mehr. Das wurde jetzt auf unterschiedliche Ministerien verteilt.

An dieser Stelle soll nur auf den blumigen Titel der Reformkommission eingegangen werden. Mit der schwammigen Einschränkung »Baugroßprojekte« wird dem Publikum vermittelt, dass es gravierende Probleme und damit Handlungsbedarf nur bei großen Projekten gebe. Nach dem Motto: Wenn so viele Menschen auf einer ganz großen Fläche durcheinander laufen und etwas Mächtiges tun, muss ja was schief gehen. Also brauchen die Bauleute wohl Hilfe von der Regierung.

Das ist eine perfide Ablenkung von dem Faktum, dass Budgetüberladung die Wurzel des Übels ist. Es sind nicht die Bauleute bzw. die Bauwirtschaft, denen es an Fähigkeiten mangelt, ein großes Bauprojekt gut hin zu bekommen. Deutsche Baufirmen haben für Athen einen neuen Flughafen in der Zeit und im Budget gebaut. Dort gab es einfach keinen Spielraum mehr für Budgetüberladung.

Den gibt es in Deutschland aber bei jedem öffentlichen Projekt, von der einfachen Umfahrungstrasse, über die Schulturnhalle bis hin zu einem neuen Krankenhaus.

Wie stark die von Vauban beschriebenen Grundübel auch in einfachen und kleinen Bauprojekten schon immer verbreitet sind, soll anhand der nachfolgenden Geschichte aufgezeigt werden.

Es ist eine Erzählung, basierend auf historischen Tatsachen, die in einem mehr als 500 Seiten starken Heimatbuch der Gemeinde Karlsdorf zusammengetragen sind.

**Ein super einfaches (Tief)Bauprojekt,
das komplett ausufert**

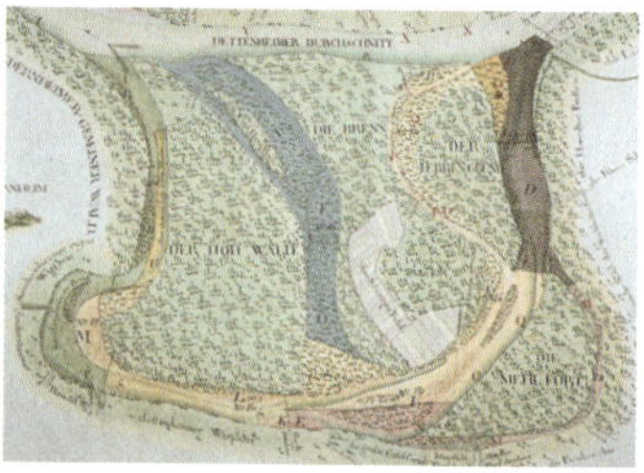

Abb. 46 Verlauf des Rheines
hinter Karlsruhe.
(Quelle: Karlsdorfer Heimatbuch,
Geiger Verlag, Horb am Neckar, 1997)

In der Mitte des 18. Jahrhunderts fließt der Rhein zwischen Karlsruhe und Mannheim in großen Schlingen in Richtung Meer. Sein Weg verändert sich laufend. Darum ist das Herrschaftsgebiet des mächtigen pfälzischen Kurfürsten Karl Theodor und seines badischen Pendants, des Markgrafen Karl Friedrich nicht klar nach links- und rechtrheinisch getrennt. Beide verbindet der Ärger mit dem alljährlichen Rheinhochwasser. Jeder Schaden durch Hochwasser bedeutet auch Einnahmeverluste für die Herrschaften. Für die Seite der Kurpfalz wurde das mit 1000 Gulden Einnahmeverlust pro Jahr berechnet.

Deshalb sollte der Rhein gebändigt werden. Im Jahre 1750 begann die markgräfliche Bauverwaltung mit der Planung, die Rheinschlinge bei Dettenheim zu durchschneiden. Es sollte ein neues Bett für den Rhein gegraben und mit Deichen geschützt werden. Schon damals versuchte die öffentliche Hand zu sparen wo es ging. So wurde nur eine »nicht maßstäbliche« Entwurfsplanung gemacht. Die Kosten für eine detaillierte Ausführungsplanung sparte die Bauverwaltung. Auf der Basis der Entwurfsplanung erstellte ein amtlich bestellter Fachmann für Tiefbau die Aufwands- und Kostenschätzung.

Für die Baumaßnahme Rheindurchschnitt bei Dettenheim sollten 300 Mann drei Monate brauchen. Ein in Aufwand und Komplexität sehr einfaches Projekt: Den sandigen Boden des Rheintals ausschaufeln, was nicht für den Damm gebraucht wird mit Kutschen wegfahren.

Nach Entwurfsplanung und Kostenschätzung lag das Bauprojekt erst einmal 5 Jahre auf Eis.

Erst weitere schlimme Hochwasserjahre führten 1757 zur Projektfreigabe und zum Bereitstellen der finanziellen Mittel. Im November 1757 wurde die gesamte Baumaßnahme öffentlich versteigert, nur eben nicht meistbietend, sondern an den Bieter mit dem niedrigsten Angebotspreis. Das war schon damals eine einfache, effektive und transparente Methode Preise nach unten zu drücken.

Der Bieterkreis war nicht beschränkt. Jeder schien willkommen beim Graben. Als Anbieter kam ein illustrer Kreis zusammen.

Dabei war der renommierte Deichbauinspektor Dyckerhoff genauso wie ein Zimmermann, ein ehemaliger Bürgermeister, ein Anwalt und ein Gastwirt. Letzterer gewann die Auktion. Er lag 35% unter dem angesetzten Gebotspreis.

Wie zu erwarten, war der Gastwirt ein armer Schlucker, der in dem Bauprojekt verzweifelt eine letzte Chance sah. Rheinschiffer setzten den mittellosen Wirt in Germersheim zwangsweise an Land, wo er kurz darauf verstarb. Das Bauprojekt Rheindurchstich hatte somit schon den ersten Verzug, bevor es richtig begann. Die Bauverwaltung hatte ein großes Problem. Sie löste es dadurch, dass sie den amtierenden Bürgermeister von Mannheim, einen Herrn Nauss, dazu bewegen konnte den Bauauftrag zu dem niedrigen Vergabepreis des Gastwirtes zu übernehmen. Das war kein kostendeckender Preis gemäß Ausschreibungsvorgaben. Entsprechend entwickelte sich das Bauprojekt.

Herr Nauss baute nur dann, wenn die Leute in der Gegend nichts anderes zu tun hatten. Nur dann waren sie bereit, für einen Hungerlohn zu arbeiten, sich dabei noch schlecht behandeln und spät bezahlen zu lassen.

Auszug aus dem Karlsdorfer Heimatbuch: Am 21. August 1759 wurde reklamiert, dass Nauss den Durchschnitt »sträflich verzögere«. Nauss redete sich heraus, dass niemand bei ihm Arbeit verlange. Dies entsprach den Tatsachen, hatte aber die Ursache, dass Naus u.a den Obmann Leopold Heible beschäftigte. Dieser Obmann »traktierte die Taglöhner mit Schlägen, dass die Striemen fingerdick auf dem Rücken ...« Außerdem hatten die Taglöhner seit Ostern kein Geld erhalten.

Den Fuhrleuten ging es finanziell noch schlechter als den Tagelöhnern. Es ist detailliert dokumentiert, wer wie viele Jahre lang auf Bezahlung warten musste.

Herrn Nauss mangelte es scheinbar an flüssigen Mitteln. Die wollte er sich wohl erst noch verdienen. Darum grub er den Durchschnitt nicht dort, wo vorgesehen, sondern kürzte einfach ab. Er grub auch nicht tief und breit genug. Um das zu kaschieren, ließ er 1760 ohne Freigabe die Rheindämme durchstechen und den Fluss in sein neues Bett fließen. Nun konnte niemand mehr nachmessen und der Fluss würde sich über die Jahre hinweg schon seinen Weg frei machen. Das verursachte natürlich für die armen Bewohner noch manche unnötige zusätzliche Überschwemmung.

Der Bauherr setzte nun eine Kommission und einen Überwacher ein.

Die Baumaßnahme Rheindurchstich ...

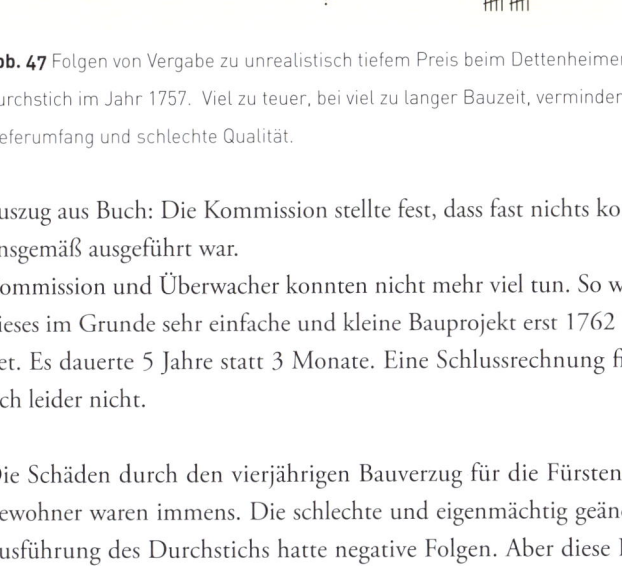

Abb. 47 Folgen von Vergabe zu unrealistisch tiefem Preis beim Dettenheimer Durchstich im Jahr 1757. Viel zu teuer, bei viel zu langer Bauzeit, verminderter Lieferumfang und schlechte Qualität.

Auszug aus Buch: Die Kommission stellte fest, dass fast nichts konditionsgemäß ausgeführt war.

Kommission und Überwacher konnten nicht mehr viel tun. So wurde dieses im Grunde sehr einfache und kleine Bauprojekt erst 1762 beendet. Es dauerte 5 Jahre statt 3 Monate. Eine Schlussrechnung findet sich leider nicht.

Die Schäden durch den vierjährigen Bauverzug für die Fürsten und Bewohner waren immens. Die schlechte und eigenmächtig geänderte Ausführung des Durchstichs hatte negative Folgen. Aber diese Belastungen ließen sich nicht konkret beziffern und konnten niemandem angelastet werden. Was von diesem Bauprojekt damals öffentlich bekannt wurde und nach Jahrhunderten noch bleibt, ist der Erfolg der Bauverwaltung. Dank der Auktion konnte sie den Vergabepreis für diese Baumaßnahme um 35% drücken.

5.

DIE KOMPLIKATION DES BAUENS – DIE TRAGIK DES FORTSCHRITTS

Seit jeher wird mit zu wenig Budget losgebaut. Das ist eine altbekannte Fehlkonstellation, mit der die Bauleute schon immer gekämpft haben. Unsere moderne Gesellschaft sorgt jedoch für eine weitere und enorm kostspielige Komplikation des Bauens. Das macht effizientes und sicheres Bauen nicht nur für Gelegenheitsbauherren zur Mission Impossible.

Abb. 48 Die Rampe mit einer auf dem Kopf stehenden Pyramide als grundlegendes Sinnbild von Bauprojekten.

Stellen Sie sich vor, Sie müssen mit einer Gruppe von Menschen eine auf dem Kopf stehende Pyramide den Berg hochtragen. Die Grundkonstellation dieser Aufgabe lässt es nicht zu, die Pyramide zu drehen. Sie ist gefüllt und würde auslaufen. Die Pyramide ist so groß und so schwer, dass Sie viele Helfer brauchen.

Die Steilheit der Rampe steht für den Zeitdruck, unter dem Sie und Ihr Team stehen. Die Höhe der Rampe ist mit dem Inhalt der Pyramide ein Symbol für die Wertschöpfung. Es zeigt die Mächtigkeit der zu bewältigenden Arbeit an. Oben am Ende der Rampe steht jemand, der schon wartet. Ihm und seinen Leuten müssen Sie die Pyramide übergeben. Er muss sie nicht mehr weiter hochtragen, sondern langsam und sicher auf einem sanft abfallenden Gelände nach unten bringen. Dazu braucht er weniger und weniger starke Leute. Er kann die Pyramide auch kurz absetzen und ausruhen; Zeitdruck gibt es kaum mehr für ihn. Nur kippen darf er die Pyramide nicht.

Den Zeitdruck haben Sie beim Hochtragen. Wie geben Sie diesen Druck an die Menschen weiter, die mit Ihnen eine auf dem Kopf stehende Pyramide tragen? Wie viele Personen setzen Sie ein? Bei zu vielen Leuten treten diese sich gegenseitig auf die Füße. Haben Sie zu wenige, stemmen diese das Gewicht nicht oder Ihre Pyramide kippt beim Tragen um. Nehmen Sie für die Form Ihrer Pyramide besser groß gewachsene, schlaksige Menschen oder kleine, drahtige ins Team? Welche Mischung wäre ideal?

Wie stellen Sie sicher, dass alle, die Hand an die Pyramide legen, auch mittragen und nicht nur mitlaufen? Wer ist schuld, wenn die Pyramide kippt und ausläuft? Da haben auf einer Seite Menschen zu viel gedrückt und auf der anderen zu wenig. Vielleicht kippt die Pyramide auch auf eine Seitenkante, dann wird die Ursachenforschung noch anspruchsvoller. Wenn Ihre Pyramide umgefallen ist, werden Sie nachträglich nie mehr sicher nachvollziehen können, wie es geschehen ist. Das ist ja auch egal. Die Sache ist sowieso gekippt. Ihr Team wird Ihnen dann nachweisen, dass die Pyramide einfach zu groß und zu schwer war und die Rampe unmöglich steil und rutschig.

Abb. 49 Wie sieht der Weg der Wertschöpfung für Ihr Team aus? Gutes Projektmanagement hat jedoch nur Einfluss auf Beschaffenheit der Rampenoberfläche. Hier wirken dessen Methoden und Tools. Die Form und die Steilheit der Wertschöpfungsrampe bestimmen andere.

Bei dieser Beschreibung als Teamchef des Pyramidenwuchtens werden Sie sich genauso fühlen wie als Chef einer BauUnternehmung beim realisieren eines Gebäudes. Einmal ausgewählt sind sie vollständig auf die Akteure angewiesen. Sie brauchen Goodwill und Kooperationsbereitschaft. Sie müssen Vertrauen haben, weil Sie jeden Einzelnen gar nicht wirklich kontrollieren können. Ein oder zwei Akteure, die nicht wollen, können Ihren Erfolg verhindern. Wenn Sie einmal auf dem Weg sind, müssen Sie mit allen ans Ende gelangen.

Für den weiteren Verlauf des Buches werden wir die ansteigende Rampe als Synonym für die Realisierung eines Bauwerks nutzen. Oben steht der spätere Betreiber bzw. Facility-Manager, der das Gebäude, d. h. die Pyramide, vom Projektteam übernehmen und sie über einen Zeitraum von 30 bis 40 Jahren aufrechterhalten soll. Die menschliche und finanzielle Leistung, die durch das Bauprojekt aufgebracht wurde, wird in der leicht nach rechts abfallenden Ebene während des Lebenszyklus zum Wohle der Nutzer und der Eigentümer eingesetzt. Nach 30 bis 40 Jahren Betrieb ist dann grundlegende Sanierung oder Abriss fällig, d. h., es muss wieder eine steigende Rampe erklommen werden, um für die Liegenschaft wieder Nutzungspotenziale für Jahrzehnte neu aufzubauen.

Abb. 50 So sieht Lean Construction aus. Es macht beim Bauprojekt den Boden der Rampe griffiger, den die Bauleute zusammen hoch müssen. Das ist notwendig, aber für den Projekterfolg nicht hinreichend.

Ab dem Spatenstich ist das Bauwerk im Entstehen. Die Baustelle ist in Betrieb. Die Rampe gibt den Weg vor. Eine gerade Rampe steht für eine gute Planung und klare Vorstellungen des Bauherrn. Das ist sicherlich der Sollzustand, der angestrebt wird, um in kurzer Zeit, mit wenig Risiken und wenig Personalaufwand die Rampe hochzukommen.

In der Realität läuft die Realisierung eines Bauwerks aber nicht so linear und geradlinig ab. Da wird mit dem Bauen begonnen, obwohl das Ziel noch nicht klar ist. Die Planung ist noch nicht abgeschlossen und mit allen Akteuren abgeglichen. Da kommen beim Bauen neue Ideen und Wünsche hinzu.

Abb. 51 Alle Beteiligten müssen das Projekt gemeinsam zum Nutzer (hoch-) tragen. Das steckt in der Natur des Bauens. Das drückt sich bildlich in der umgekehrten Pyramide aus. Je kürzer die Bauzeit, desto mehr Kraft ist nötig und desto mehr Probleme können entstehen.

Diese unbekannten und nicht planbaren Belastungen für die Akteure eines Bauprojekts sind wie Wellenlinien in der Rampe.

Die Höhe der Rampe bleibt gleich, nur die Höhendifferenz, die zurückgelegt werden muss, steigt. Die Welle in der Rampe sorgt stellenweise für sehr hohe Steilheit des Weges. Die Kräfte der Träger der Pyramide waren für eine lineare Last ausgelegt und selbst dafür schon knapp kalkuliert. Durch die Wellen (Planänderungen) entstehen Zusatzlasten, welche die Akteure scheitern lassen. Die Pyramide kippt. Die Träger sind am Ende der Kräfte. Der Zeitplan läuft aus dem Ruder und damit auch die Kosten.

Abb. 52 Wellenlinien im Anstieg = Änderungen in der Planung und den Zielen nach dem Spatenstich. Diese machen die Arbeit mühsamer, kosten mehr Kraft und Zeit und sind Ursache vieler Fehler. Arbeiter machen die Fehler, verursachen sie aber nicht.

Wenn die Pyramide bzw. das Bauwerk erst einmal übergeben ist, werden sich alle wundern, warum die Baurealisierung so viel länger als vorgesehen gedauert hat und warum die Kosten so massiv über Budget liegen. Die Höhe der Rampe ist dann der Beurteilungsmaßstab, die Wellenlinien sieht niemand mehr. Das soll auch niemand sehen. Dafür sorgt schon der Bauherr, der für die Wellenlinien die Verantwortung trägt. Er hat sie durch unklare Vorgaben und veränderte Anforderungen nach Baustart verursacht.

Viel Komfort, mehr Öko und maximale Sicherheit

Die Bauwerke unserer Zeit spiegeln die heutigen Nutzererwartungen wider. Diese Erwartungen sind hoch und steigen weiter. Gleichzeitig sind sie auch in einem bisher einmaligen Ausmaß individualisiert und differenziert. Die Nutzer verhalten sich im Anspruchsdenken wie die Konsumenten eines Gebäudes. Jeder Wunsch muss erfüllbar sein, sofort und jederzeit.

Dieses Problem hatten die Bauherren früherer Bauwerke nicht. Bei den Pyramiden haben sich die toten Nutzer sicher nicht beschwert. Luft, Licht und Wärme im Innern waren unnötig.

Die Nutzer waren gleichzeitig Bauherren. Das sichert eine gute Grundzufriedenheit.

Auch der Sonnenkönig Ludwig XIV. hatte es viel einfacher als heute. Er musste nur dafür sorgen, dass es seine Familie und der engste Kreis warm hatten. Der Rest des Hofes konnte sich entsprechend kleiden. Beschwerden waren in den absolutistischen Zeiten eher unüblich. Aus diesem Grund konnte der Sonnenkönig in seinen Monumentalbauten weitestgehend auf sanitäre Anlagen verzichten.

Die Rahmenbedingungen für Bauherren haben sich seither enorm verändert. Die Erwartungshaltung hat sich inzwischen auf Luxus-Niveau erhöht. Wenn es heute um Baumaßnahmen geht, müssen sogar Jahrhundertereignisse berücksichtigt werden, sonst gibt es einfach keine Genehmigung. Was das kostet und ob es im jeweiligen Fall Sinn macht ist unwichtig. Das ist schon ein großer Unterschied zu dem sorglosen Rheindurchschnitt Mitte des 18.Jahrhunderts aus dem vorhergehenden Kapitel.

Bei Gebäuden beginnt die Nutzereinwirkung schon mit dem sinnvoll und vertretbar klingenden Anspruch, es zu jeder Zeit behaglich zu haben. Man will auf keinen Fall frieren, deshalb braucht das Gebäude für den Winter eine Heizung. Die Luft in den Räumen soll nicht nur warm, sondern auch jederzeit frisch sein. Darum darf auch die Lüftungsanlage nicht fehlen.

Im Sommer wird es schnell zu heiß in vielen Räumen. Menschen »verbrennen« ca. 2.000 Kilokalorien pro Tag. Dabei entsteht Abwärme. Die Nutzer beginnen zu schwitzen. Bei der Arbeit möchte das niemand gerne. Also wird noch Kältetechnik ins Haus eingebaut. Das kostet auch gar nicht so viel extra, denn eine Lüftungsanlage war ja bereits vorgesehen.

Die Kosten für Energie, Wartung und Abschreibung der Kälteanlagen lassen sich immer noch gut in den laufenden Betriebskosten unterbringen. Wenn sich das Personal in einem Büro wohlfühlt, ist es schließlich auch produktiver. Damit lässt sich der Kosten-Nutzen zwar nicht wirklich nachweisen, aber die Sache klingt logisch.

Dann kommt eine weitere Anspruchshaltung hinzu: Wir wollen auch bei angenehmem Licht leben und arbeiten. Der Blick soll schweifen können. Also werden die Fenster größer. Das Beste für das Gemüt ist bekanntlich natürliches Sonnenlicht. Das heizt das Gebäude aber zusätzlich auf. Also wird die Klimaanlage etwas größer gebaut.

Wenn es richtig Winter und Sommer ist, haben wir nun eine gute Lösung. Es wird tageweise geheizt oder gekühlt. In den mehr als sechs Monaten der sogenannten Übergangszeit wird es komplizierter.

Da kann es am selben Tag sommerlich und winterlich sein. Früh morgens ist es noch kalt und nachmittags angenehm warm. Die Heizung läuft auf vollen Touren, bis es den Menschen dank der Sonne und ihrer Eigenwärme zu heiß wird. Nun startet die Klimaanlage und baut das Plus an Heizleistung wieder ab. Die Aggregate laufen gegeneinander. Die Energie wird mit viel technischem Aufwand verschwendet. Dies ist der Zeitpunkt, bei dem es im Gebäude etwas anspruchsvollere Mess- und Regelungstechnik braucht. Damit kann eine ungewollte Verschwendung verhindert werden.

Doch damit ist die Zufriedenheit der Nutzer noch lange nicht gesichert. Oft gibt es Menschen, die sich von der Sonne geblendet fühlen oder sich nicht wie hinter einem Schaufenster fühlen wollen. Also werden Jalousien eingebaut.

Diese müssen aber auch bedient werden, wenn niemand da ist, etwa wenn ein Sturm kommt. Oder wenn die Kältemaschinen in einem leeren, ungenutzten Raum gegen die Sonnenwärme arbeiten. Spätestens jetzt ist ein Gebäudeautomationssystem fällig. Dem Bauherren wird nun auch eine Gebäudeleittechnik empfohlen und angeboten. Greift er zu, hält Technik aus industriellen Produktionsprozessen Einzug in Schulen, Krankenhäusern und Shoppingcenter.

Der Hausmeister will nicht ständig durch das ganze Haus laufen müssen, um nach dem Rechten zu sehen. Zudem hat er auch mal Feierabend.

Haben wir mit der zusätzlichen Gebäudeleittechnik nun das perfekte Gebäude für den Nutzer erreicht?

Sicher nicht, weil es den »Herrn Nutzer« oder die »Standard Dame« nicht gibt.

In einem Gebäude, auf einem Stockwerk und in einem Raum leben zahlreiche unterschiedliche Menschen. Jeder ist ein Nutzer für sich, ein Individuum mit ganz eigenem Empfinden, was für ihn/sie angenehm ist. Die Kleidungspräferenzen können beim Minirock oder aber auch beim Rollkragenpullover liegen.

Und ausgerechnet jetzt sitzt die Dame mit dem Minirock dort, wo sich der Strömungsaustritt der Lüftungsanlage befindet. Diese Dame friert immer und wird wahrscheinlich krank. Der Herr mit dem Pullover sitzt hinter dem Fenster und fühlt wegen der Sonne noch mehr Hitze. Für ihn darf es gerne auch etwas mehr Kühlung sein.

Die daraus folgenden Diskussionen und Missstimmungen bringen Effizienzverluste. Das ist ein großes Forschungsfeld der Arbeitspsychologie. Auch für den Hausarzt ist das Thema interessant. Es gibt Menschen, die in einem fremdbestimmten, für sie unangenehmen Umfeld krank werden.

Psychologie spielt auch eine Rolle, wenn es um die Befriedigung eines weiteren menschlichen Grundbedürfnisses geht: Sicherheit.

Das Sicherheitsempfinden verschließt sich jeder Messbarkeit und ist nicht diskutierbar. Also bitte alle Winkel der gesamten Liegenschaft immer gut ausleuchten. Dazu noch ein ausgefeiltes Türschließsystem und eine möglichst flächendeckende Videoüberwachung. All das gehört nun in ein Bauprojekt zum Wohle des Nutzers. Die sanitäre Technik und die IT sind auch gewichtige zusätzliche Anspruchspakete.

Aber es gibt noch weitere Interessensgruppen, die auf die Gestaltung und damit auf die Kosten eines modernen Gebäudes Einfluss nehmen, z. B. Feuerwehr und Versicherungen.

Die eine Macht kommt martialisch daher und die andere ist eher immateriell und subtil. Beide vertreten ihre Eigeninteressen bei einem Bauwerk, das sie nie nutzen werden und für dessen Betrieb und Kosten sie nie aufkommen werden.

Konkret wirkt sich das so aus:

Die Versicherungen möchten ihren Gewinn maximieren. Das geht am besten über Kostensenkung. Bei den über 1,7 Mrd. Verwaltungskosten pro Jahr (Quelle: World Fire Statistics – CTIF) spart man ungern. Auch den Gewinn will man nicht schmälern. Als spart man dort, wo es andere Personen Geld kostet. Es wird versucht, das versicherte Risiko zu reduzieren. Versicherungen sind selbst bei anderen Versicherungen rückversichert und müssen dort entsprechend für die Risiken ihrer Kunden bezahlen.

Also werden Versicherungen bei Bauprojekten so einwirken, dass ihre Risiken so klein wie möglich werden. Koste es den Bauherrn, was es wolle.

Feuerwehren wollen tendenziell möglichst wenig Feuereinsätze haben. Die Einsätze dürfen gern spektakulär aussehen, sollen aber nicht gefährlich sein. Man soll unter keinen Umständen wegen Todesfällen in die Schlagzeilen kommen. In Deutschland gibt es jedes Jahr etwa 350 Tote durch Gebäudebrände (World Fire Statistics – Geneva Association). Kein Feuerwehrmann will auch nur einen davon selbst bergen müssen.

Also soll ein Gebäude so gebaut werden, dass es praktisch gar nicht brennen kann. Wenn es dann doch brennt, soll es sich von selbst löschen und die Nutzer des Gebäudes noch möglichst wohlauf ins Freie schieben. Das funktioniert inzwischen so gut, dass nur noch 7% aller Feuerwehreinsätze etwas mit Feuer zu tun haben.

Brennt es dennoch einmal wird technisch sichergestellt, dass vom Ausbruch bis zur Alarmierung keine Zeit verloren geht. Eine Brandmeldezentrale im Gebäude sammelt die Daten und Zustände aller Brandschutzeinrichtungen automatisch und ist direkt mit dem IT- und dem Alarmsystem der Feuerwehr verbunden.

Wenn dann etwas passiert, ist ein realer Einsatz eher wie eine unangekündigte Löschübung mit Abschlussprotokoll für die Versicherung. Das Feuerlöschen ist heute selbst zu einer sicheren Sache geworden (World

Fire Statistics – Geneva Association). So gab es in 2008, 2009 und 2010 in Deutschland nicht einmal einen beim Feuerlöscheinsatz verletzen Feuerwehrmann. In den USA gibt es pro Jahr zirka 80 Tote und 80.000 verletzte Feuerwehrleute.

Brandschutz und Feuerwehr sind wichtig und essentiell. Speziell der Brandschutz hat sich jedoch als wirtschaftlicher Wachstumsgenerator verselbstständigt. In einem 6-monatigen Schnellkurs kann man sich heute zu einem Brandschutzsachverständigen ausbilden lassen. Dann können Sie bestimmen, was wie in einem Bauprojekt vorgesehen werden muss. Da darf es dann auch ein bisschen mehr und etwas aufwändiger sein. Wer nur sechs Monate Ausbildung hat, muss ja seine Unerfahrenheit kompensieren. Dann ist es auch verständlich, wenn in deutschen Kindergärten keine Zeichnungen mehr an die Wand gehängt werden dürfen. Ein Brandschutzexperte meinte zu mir, dass Kindermalereien mit massiven Holzrahmen versehen werden sollten, damit man die Bilder nicht mehr so einfach mit dem Feuerzeug entzünden könne.

Ein sehr engagierter Kommunalpolitiker mit über 30 Jahren Erfahrung in städtischen Bauprojekten beschrieb mir im März 2014 sein Bild des Bauens in Deutschland so:

»In neuen Schulen werden in Fluren und Treppenhäusern zum Teil so viele nicht einsehbare Brandabschnitte realisiert, dass die Lehrpersonen die Schüler nicht mehr sinnvoll beaufsichtigen können. Übersicht und Transparenz werden der Brandsicherheit geopfert. Sicherer wird eine Schule nicht, wenn es mehr abgeschlossene Bereiche gibt, in denen Schüler unbeobachtet sind. Aber wenn dann etwas passiert, kann man ja noch überall Videoüberwachung einbauen lassen oder Wachmänner auf Patrouille schicken.«

Was hier eher wie Ironie wirkt, ist für die Menschen, die vom Gebäudebau und -betrieb leben, alltäglich. Besteht eine lokale Feuerwehr auf extremen Forderungen, kann es ein Bauprojekt viel teurer und beschwerlicher machen. Die Baubehörden werden sich nicht gegen die zuständige Feuerwehr stellen. Der Bauherr hat keine Wahl.

Abb. 53 (*TGA = Technische Gebäudeausrüstung) Die Auswirkung von seit Jahrzehnten in den Himmel wachsenden Nutzeransprüchen auf die Bauphase. Zu viel Technik, zu viele Normen, zu viele Gesetze.

Das Ergebnis der »5-Sterne-Ansprüche« der Nutzer auf die Baukosten ist eindrücklich. Bei Bauprojekten im Nicht-Wohnbereich macht die Technische Gebäudeausrüstung (TGA) heute schon 30 bis 60 Prozent der Bausumme aus. Dabei nehmen Krankenhäuser und Labors die Spitzenplätze ein. Hier geht es um Themen wie lückenlose Kontrolle der Wasserversorgung oder -entsorgung, Druckluft und Gase.

»Tür heute« - Ein spaltbreit Einblick
in die Komplikation des Bauens

Eine Tür ist ein einfaches Bauteil. Die Schnittstelle zwischen zwei Räumen; zwischen drinnen und draußen. Im privaten Gebäudeumfeld sind Türen kein bedeutendes Thema. In öffentlichen Räumen, in Gewerbe- und Bürobauwerken sind Türen durch die Vielzahl an Ansprüchen, Funktionen und Regelwerken aufwändige Bauteile und damit große Projektstolpersteine geworden.

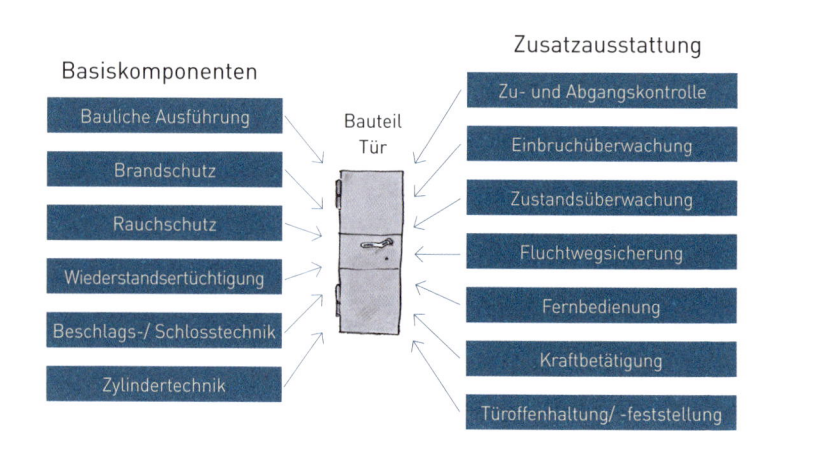

Basiskomponenten

- Bauliche Ausführung
- Brandschutz
- Rauchschutz
- Wiederstandsertüchtigung
- Beschlags-/ Schlosstechnik
- Zylindertechnik

Bauteil Tür

Zusatzausstattung

- Zu- und Abgangskontrolle
- Einbruchüberwachung
- Zustandsüberwachung
- Fluchtwegsicherung
- Fernbedienung
- Kraftbetätigung
- Türoffenhaltung/ -feststellung

Abb. 54 An so viele Dinge muss beim Bauteil Tür im Bauprojekt gedacht werden. Und es gibt viele Türen in Gebäuden. Es gibt viele verschiedene Typen von Türen in einem Bauwerk. Aus den Schulungsunterlagen eines Tür Engineering Consultant.

Beteiligte Design / Planung

- Innenarchitekt
- Architekt
- Elektroplaner
- (Sicherheitsplaner)
- Fassadenplaner

Bauteil Tür

Beteiligte Bau Auftragsnehmer

- Zutrittskontrollanlage
- Einbruchmeldeanlage
- Lieferant + Montage (Holz)
- Lieferant + Montage (Metall)
- Lieferant + Montage (Außentüren)
- Lieferant + Montage (Sondertüren)
- Elektroinstallateur

Abb. 55 So viele verschiedene Parteien können beim Bauteil Tür im Bauprojekt beteiligt sein. Der Bauherr und seine Mitentscheider fehlen hier noch. Aus den Schulungsunterlagen eines Tür Engineering Consultant.

Wird die Vielzahl der Themen beim Bauteil Tür mit der Vielzahl der beteiligten Parteien kombiniert, ist es nicht verwunderlich, wenn Bauprojekte ins Kippen kommen. Die Zahl der Türen in Bauwerken ist hoch und in Gewerbe-/Industriebauten gibt es viele verschiedene Typen von Türanwendungen. Damit ist unsere Komplikation des Bauens noch nicht fertig. Als Würze eines Bauprojektes kommen nun noch widersprüchliche Normen und Richtlinien hinzu. Dann wird Komplikation beim Bauen schnell zur Mission Impossible.

Nachfolgende Zwickmühle beim Bauteil Türen hat in einer E-Mail ein TGA Planer und Sachverständiger mit mehr als 20 Jahren Berufserfahrung eschrieben,

E-Mail 31.3.2015
Es gibt für Türen unsinnige Normen:

Nach dem Scharfschalten des Alarmbereichs soll niemand mehr irrtümlich hinein gehen. Deshalb sollen auch die für den Brandfall vorgeschriebenen Fluchttüren mittels einer Einbruchmeldeanlage automatisch verriegelt werden. Nach der Richtlinie über elektrische Verriegelungssysteme von Türen in Rettungswegen (EltVTR) müssten wir eigentlich drinnen eine Türentriegelung (Fluchttürsteuerung) anbringen. Ist natürlich Blödsinn, weil ja niemand mehr drin sein kann, da die Alarmanlage scharf geschaltet ist.

Die Richtlinie will für den Fall, dass ein Einbrecher sich einschließen lässt oder jemand drinnen auf dem Klo eingeschlafen ist, deren Flucht im Brandfall sichern. Wenn es bei einem Einbruch brennt, soll dem Einbrecher nichts passieren. Er soll die Türen von innen auf machen können und nicht drinnen schmoren. Dafür sorgt aber schon die Einbruchmeldeanlage. Diese entriegelt bei Alarm die Türen. Die Polizei will ja eventuell auch schnell hinein.

Es gibt den Versuch via DIBt-Zulassungsbescheid für T30/90 eine bestimmte (teurere) Kombination von Tür und Schloss und Beschlag zu erzwingen, weil diese im Test genannt wird und dann das Zertifikat nur in dieser Kombination gelte.

Je genauer also ein Versuchsaufbau / eine Vorschrift, umso stärker werden Hersteller abgeschottet und neue bessere Lösungen verhindert. Für den Bauherren und später für den Nutzer steigen so die Kosten.
Die Normung sollte die Kompatibilität verschiedener Fabrikate herstellen und nicht einzelne Hersteller vor Wettbewerb schützen.

Waren die Technikkosten bei den kühnen Bauprojekten vergangener Jahrhunderte so gut wie irrelevant, machen sie heutzutage den Löwenanteil aus. Mit der Verschärfung der energetischen Verbrauchsvorgaben, der intensiveren Nutzung regenerativer Energien und der Umsetzung des Smart-Grid-Konzepts in die flächendeckende Praxis wird der mittlere Technikanteil bei Gebäuden weiter steigen.

Der hohe Technikanteil lässt BauUnternehmungen mit Budgetüberladung zu tollkühnen Projekten werden. Unzureichende Finanzierung beim Start, fliegende Änderungen des Gebäudes und Stümperei bei der Bauherrschaft werden heute sehr teuer und unverzeihlich. Der neue Flughafen Berlin Brandenburg »Willy Brandt« wird dadurch fünfmal teurer als geplant. Die Gebäudetechnik (TGA), Normen und Gesetze können in der Summe sogar den Abriss von Neubauten nötig machen.

Hemmungsloses Wünschen und erbarmungsloses Sparen bei Technik

Die Technische Gebäudeausrüstung (TGA) ist noch weniger definier-, mess- und kontrollierbar als der klassische Hochbau. Sie wird im Bauprojekt dennoch genauso behandelt wie das Mauerwerk und das Dach. Der TGA geht es dabei sogar noch schlechter als den Baugewerken, die zu Projektanfang arbeiten. Bei Ihnen ist Budgetüberladung am problematischsten und auch am alltäglichsten.

Geht es um Mauerwerk und Innenausbau, so gibt es bei den meisten Menschen noch ein Bauchgefühl von Kosten und Nutzen. Das wirkt einem hemmungslosen Wünschen entgegen. Bei der Gebäudetechnik ist das nicht so. Dort fehlen Erfahrungswerte und es gibt keine Hemmschwellen. Da kann jemand in einer Textzeile eine Funktion fordern, die soviel kostet wie ein ganzes Stockwerk. Und der »Wünschende« muss sich dessen überhaupt nicht bewusst sein. Natürlich wird es ihm auch kein Fachmann gerne sagen. Dadurch wird man unbeliebt und man beschneidet sich seines eigenen Einkommens, das von den Ausgaben für Gebäudetechnik abhängt. Also laufen der Bauherr und seine Mitentscheider in Richtung eines unsichtbaren Messers. Es wird mit viel TGA geplant und schon mal mit dem Rohbau begonnen.

Bis der steht und die unvermeidlichen strukturellen Planänderungen realisiert sind, beginnen im Projektcontrolling die Alarmglocken zu läuten. Es wird klar, dass das Budget wohl nicht reicht. Man hat zu groß und zu aufwändig gebaut. Noch ist es nicht zu spät zum sparen. Die technischen Ausbauten sind ja nur geplant. Die Aufträge noch nicht vergeben. Nun wird die Sparschraube angezogen. Die Planung soll aus Termin- und Kostengründen nicht mehr angepasst werden. Es wird einfach jemand gesucht, der das zu viel an technischen Wünschen für weniger Geld anbietet als vorgesehen.

Und dafür finden sich viele Unternehmen am Markt. Denn mit Technik am Bau lässt sich im Laufe der Baurealisierung und im anschließenden Betrieb sehr gutes Geld verdienen. Wer das nicht schafft, muss doof sein.

Abb. 56 Eine fast unlösbare Herkules-Aufgabe: Änderungen der Funktion, der Nutzung und des Designs während der Bauphase sind wie Wellenlinien im Anstieg. Dem Bauherrn, der mit zu schwacher Organisation und zu geringen Ressourcen an den Start geht, kippt das Projekt. Was früher ohne TGA noch machbar war, wird heute untragbar.

So sieht die Situation bildlich aus, wenn alle bisher behandelten menschlichen Neigungen und Präferenzen in einem Projekt zusammenwirken und noch die Komplikation des Bauens mit zu viel Technik und zu vielen staatlichen Vorschriften oben drauf kommen.

1. Budgetüberladung: Die Wünsche übersteigen die Fähigkeit bzw. Bereitschaft, zu bezahlen.

2. Die Komfort- und Sicherheitsansprüche der Nutzer sorgen für eine komplexe und aufwändige technische Ausrüstung des Gebäudes. Alles im Griff, alles überwacht.

3. Das »grüne Gewissen« muss beruhigt werden. Wenn schon zu groß und sehr komfortabel gebaut wird, soll das Gebäude auch wenig Energie brauchen, gesund und in hundert Jahren wiederverwertbar sein.

4. Beim Bauen kommen neue Ideen und Vorschriften auf, die im laufenden Betrieb das Design und die Funktion des Zielbauwerks verändern.

Das ist die Situation bei allen bekannten Großprojekten der öffentlichen Hand. Darum kostet ein Flughafen 4 Mrd. Euro mehr als geplant und ist noch immer nicht fertig. Darum kostet ein Konzerthaus fünfmal mehr als geplant und der Neubau des Bundesnachrichtendienstes wird 200 bis 300 Mio. Euro teurer und dauert zwei Jahre länger als bei Spatenstich verkündet.

Die Betriebskosten und -probleme
steigen – auch bei privaten Gebäuden

Selbst wenn technische Gebäudeausrüstung gut geplant und realisiert ist, bedeutet sie viel Aufwand für Wartung und Service. Sie verringert bei gewerblichen Investitionen die sowieso schon kleinen Renditen. Bei der öffentlichen Hand steigen einfach die jährlichen Fix-Kostenblöcke und engen andere Ausgabenspielräume ein.

Wird die TGA unter dem irreal hohen Budgetdruck des BauWesens billig und schlecht gemacht, steigen die Belastungen in der Betriebsphase enorm an. Die Belastungen der Betreiber sind auf der anderen Seite die Verdienstmöglichkeit der Ausrüster und der technischen Gebäudedienstleister.
Im gesamten Lebenszyklus des Gebäudes können sich diese nun dafür revanchieren, wenn beim Bieterwettstreit für die Erstausrüstung zu sehr nach unten optimiert wurde.

Bei Bauprojekten der Neuzeit können Ausrüster dank hohem Technikanteil fortlaufend gute Geschäfte mit einem Gebäude machen. Das gab es früher nicht.
Die beschriebene Logik stellt eine hohe Motivation dar, die installierte Technik noch billiger und serviceintensiver zu machen. Sie muss einfach bis zum Ende der Garantiefrist halten. Wurde Technik verbaut,

die proprietär ist, also nur einem Hersteller gehört, kann nur ein einziges Unternehmen ein Problem beheben. Je nach Gewerk kann das ein ganzes Gebäude lahmlegen oder wichtige Nutzer hart treffen. Die Verhandlungsposition des Betreibers ist sehr schwach. Er kann froh sein, wenn schnell genug jemand kommt. Hier besteht man besser nicht auf Garantieleistungen.

Es gibt in Deutschland seit Jahrzehnten umfangreiche und sehr seriöse Studien der Facility Management-Branche, die den Trend der Betriebskostenentwicklung flächendeckend für alle Arten von Gebäuden dokumentieren.
Diese Studien zeigen für die letzten Jahre eine starke Zunahme der technischen Gebäudemanagementkosten an. In diese Kostengruppen werden die Wartungs- und Servicekosten gebucht.

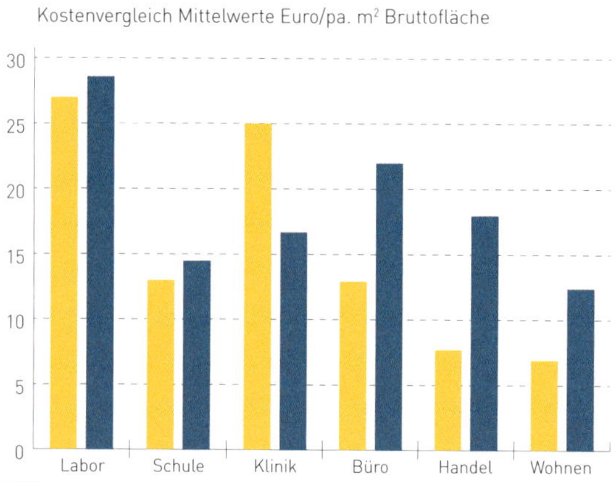

Kostenvergleich Mittelwerte Euro/pa. m² Bruttofläche

	Labor	Schule	Klinik	Büro	Handel	Wohnen
Energie pa.	27	13	25	12,9	7,7	6,9
TGM pa.	28,6	14,5	16,7	22	18	12,4

Abb. 57 Vergleich der Kosten für Energie und Technisches Gebäudemanagement (TGM) nach Gebäudeart. (Quelle: FM Benchmark Rotermund Ing.) Die Technikkosten laufen den Energiekosten davon. Eine staatlich erzeugte wirtschaftliche Energieeffizienzlücke tut sich auf.

Bei Bürogebäuden, die den größten Teil der »Nicht-Wohnfläche« in Deutschland ausmachen, liegen die Kosten für den Unterhalt der Technik fast doppelt so hoch wie die Energiekosten, den unsinnig hohen und bevormundenden staatlichen Vorgaben sei Dank. Und die Kosten in beiden Bereichen werden weiter steigen.

Jede Technik aus dem gewerblichen und industriellen Bau sucht sich ganz natürlich auch den Weg zum privaten Wohnungsbau. Alle Technologien werden die größtmögliche Verbreitung anstreben. So auch die Automatisierungstechnik.

Vor zehn Jahren war die »Home Automation« in aller Munde. Der Hoffnungsträger vieler Unternehmen während der Wirtschaftskrise 2002/2003. Entsprechend hoch war der Aufwand für die Vermarktung des Hoffnungsträgers »Home Automation«.
Innovative »Häuslebauer« mit guter Investitionskraft ließen sich durch die Perspektive von mühelosem, maximalem Komfort verführen. Alles automatisiert und kontrolliert im Haus war der Traum. Der Hausherr hat vom Sofa aus alles im Griff. Dies war das Versprechen der innovativen Technik.

2005 traf ich bei der Suche nach einem Haus auf solche innovativen Hausbesitzer. Dabei bestätigte sich meine Skepsis.
Diese Hausbesitzer müssen sich plötzlich um Dinge kümmern, die bisher kein Thema für sie waren. Bei Störungen und Änderungen müssen sie im Sommer den voll ausgebuchten Fachhandwerkern hinterherrennen. Das ist mühsam und erniedrigend für dieses eher gut betuchte, verwöhnte Klientel. An sich fast unangenehmer als die anschließenden Rechnungen.
Inzwischen sind die eindrucksvollen »Home Automation«-Elektroschaltschränke bei Privathäusern zu einem wohlbekannten Verkaufshemmnis geworden. Was einst teuer war, wird beim Verkauf als Preisabschlag auf das Haus noch viel kostspieliger.

Beim Privathaus ist der Nutzer und Eigentümer bzw. Investor meist die gleiche Person.

Der Markt korrigierte sich schnell selbst. Der Hype der »Home Automation« ist lange vorbei. Die dafür entwickelte Technik funktioniert zwar und bietet gute Dienste für Menschen, die sich den Luxus leisten wollen und können. Dafür gibt es inzwischen auch für Privathäuser Servicefirmen, die einem gegen Bezahlung viel Mühe abnehmen. Wenn Sie genug Geld haben, brauchen Sie in Ihrem Haus nicht selbst den technischen Hausmeisterjob zu machen. Dann können Sie den kleinen Zugewinn an Komfort genießen, den sie durch Automation bekommen können. Vorher müssen Sie sich erst noch Gedanken machen, was Sie wie in Ihrer Umgebung automatisieren wollen. Wenn Sie alleine wohnen, geht das gut. Es kostet Sie einfach Zeit. Haben Sie eine Familie, wird die Sache spannender. Wer setzt sich mit seiner Vorstellung durch, wann die Jalousien im Wohnzimmer runter gehen sollen? Welche Stellung sie dann einnehmen? Welche Farbe und Helligkeit soll die LED-Beleuchtung im Flur Sonntagabend nach dem Abendessen haben? Fragen über Fragen, welche das Familienleben bereichern. Spätestens, wenn Sie öfter Besucher im Haus oder unregelmäßige Lebensgewohnheiten haben, werden Sie den Vorteil von Handbetrieb wieder schätzen. Dann wissen Sie, dass zu viel Technik nicht nur für das Bauen, sondern auch für das Leben eine Komplikation bedeutet.

6.

BETREIBER BÜSST FÜR ALLE SÜNDEN
– LEBENSLÄNGLICH.

Wer ist im Bauprojekt am wenigsten beteiligt und doch am stärksten betroffen? Der Betreiber oder Facility Manager. Wie sieht er Bauprojekte?
Wie erlebt er das Bauen? Ein Profi teilt Erfahrungen und Sichtweisen.

von Bernd Hanke

Erfahrungen und Sichtweisen eines
erfahrenen Gebäudebetreibers

Seit 30 Jahren arbeite ich im Facility Management (FM) und betreibe mit meinen Kollegen Anlagen, Gebäude und ganze Liegenschaften. Sehr wahrscheinlich waren auch Sie schon Gast in einer von uns betreuten Immobilie. Ich hoffe, Sie haben sich wohlgefühlt. Das wirtschaftliche, betriebs- und versorgungssichere Betreiben von Immobilien ist meine primäre Aufgabe. Gebäude müssen sicher und vor Risiken geschützt sein. Gleichzeitig erwartet der Eigentümer, der mich und meine Kollegen engagiert hat, dass seine Liegenschaft nicht nur immer funktioniert, sondern dass dieser Betrieb den erwarteten unternehmerischen Gewinn erbringt.

Ich war 20 Jahre bei der Deutschen Telekom AG und später bei der 100-prozentigen Tochter der DeTeImmobilien beschäftigt, unter anderem als Leiter des Gebäudemanagements oder als Leiter des Geschäftsfelds »Technisches Gebäudemanagement und Verfügbarkeit im Facility Management«. Seit 1997 bin ich als Leiter »Airport Facility Management« und Leiter »Technisches Facility Management« am Frankfurter Flughafen tätig. Nach der Fertigstellung des »The Squaire« über dem Fernbahnhof des Frankfurter Flughafens darf ich seit Ende 2010 in der Geschäftsführung der »The Squaire« Betreibergesellschaft »ARGE Facility Management @ The Squaire GbR« die Aufgaben und Interessen der ARGE und die der Fraport AG vertreten.

Mit vielen Kollegen, die ähnlich attraktive und wichtige Liegenschaften betreiben, treffe ich mich seit längerer Zeit zum Erfahrungsaustausch unter Gleichgesinnten und »Leidensbrüdern«.

Denn wir leiden alle unter derselben Grundkonstellation. Wir haben grundsätzlich kein gemeinsames, verbindendes Ziel mit den Hauptakteuren des Bauwesens, dafür aber sehr häufig gegenläufige Interessen. Wir Betreiber sind die Ausputzer und Leidtragenden für alles, was bei einem Bauprojekt nicht optimal oder sogar schlecht läuft und nicht mehr nachgebessert werden kann. Alle Fehler, die bei Design, Konstruktion, Bauen und in der Beschaffung während eines Bauprojekts gemacht werden, dürfen wir über die gesamte Lebensdauer der Immobilien ausbaden. Bei Immobilien, die im Auftrag von Investoren entwickelt und dann an einen neuen Eigentümer veräußert werden, haben wir Betreiber keinerlei Einfluss auf das Bauprojekt. Selbst in Konstellationen, in denen der Bauherr auch späterer Eigentümer ist, besitzen wir oft wenig Gewicht und Einfluss. Baubegleitendes Facility Management ist eher die Ausnahme.

Das Investitionsbudget und der Terminplan sind bei Entscheidungen vor Baubeginn die alles bestimmenden Größen. Dies ist bemerkenswert, wenn man weiß, dass beides am Ende nur selten eingehalten wird. Umplanungen, Bauverzögerungen, Restleistungen und die Beseitigung von Baumängeln sind oft Gründe dafür. Die zukünftigen Betreiber der Immobilien sind bei den Leitern von Bauprojekten nicht sehr beliebt, denn sie fordern eine wirtschaftliche und betriebsfertige Immobilie. Sie legen, wann immer sie können, den Finger in die Wunde. Ihr Einbezug macht das Projekt somit noch komplexer und man muss sich nicht nur mit den Forderungen des Bauherrn, der zukünftigen Mieter, der Architekten und Ingenieure auseinandersetzen, sondern jetzt kommt noch so ein Facility Manager, der alles besser weiß. Wünsche hat es doch schon genug gegeben. Sollen die Aspekte des Facility Managers für die spätere Bewirtschaftung in puncto Sicherheit, Wartung, Reinigung, Erweiterbarkeit, Flexibilität vollständig berücksichtigt werden, verteuert dies das Gebäude noch weiter. Wenige Eigentümer denken und handeln langfristig genug, um diesen Aspekten ausreichend Gewicht beim Bauen zu geben. Es lohnt sich aber sicher, auf Betreiberinteressen einzugehen. Denn die Baukosten eines gewerblichen Gebäudes machen nur ungefähr 15 bis 20 Prozent der Gesamtkosten bis zum Abriss bzw. bis zur Totalsanierung aus. Der Nutzen von Mehrkosten bei der Baurealisierung ist im Vorhinein allerdings nicht sicher quantifizierbar und belegbar. Das hängt von zu vielen Faktoren und Annahmen ab. Nur die Mehrkosten bei der Gebäuderealisierung sind konkret und liegen auf dem Tisch der Entscheider.

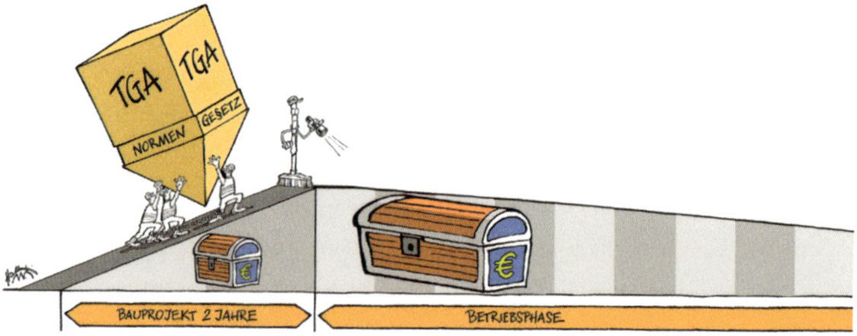

Abb. 58 Bei Bürogebäuden kostet der Betrieb bis zum Abriss oder der Totalsanierung vier- bis fünfmal mehr als die Erstellung des Bauwerks.

Umbauten und anlagentechnische Nachrüstungen und Veränderungen noch während der Gewährleistungszeit beeinflussen die Betriebskosten nachhaltig negativ. Diese können innerhalb kürzester Zeit die Investitionskosten übertreffen. Ungeplante Wechselwirkungen zwischen unterschiedlichen Teilen der Technischen Gebäudeausrüstung (TGA) und eine meist fehlende ganzheitliche Betrachtung über alle Gewerke hinweg wirken sich grundsätzlich negativ auf die Bewirtschaftungskosten aus.

Für das zu viel an Wollen bei zu wenig Haben in der Designphase eines Bauwerkes, für das anschließenden erbarmungslose Sparen bei der Gebäuderealisierung und für das rücksichtslose Finish des Bauprojektes, wenn der Endtermin naht müssen wir Betreiber büßen. Wir haben gebäudelebenslänglich (dh. 30-40 Jahre) mehr Mühe, mehr Aufwand und damit viel mehr Kosten, um die Eigentümer und Nutzer eines Bauwerkes zufrieden zu stellen.

Das Fertigstellen des Bauwerks – keiner ist zuständig, es soll nichts kosten

In der idealen Welt übergeben die Errichter eines Bauwerks das Gebäude funktionsfähig an den Betreiber. Dessen Aufgabe ist es dann, die Nutzer in der Betriebsphase zufriedenzustellen. Die Planer, Architekten und Bauleute ziehen ab, wenn die Betreiber und Nutzer einziehen.

Der Projektleiter des Bauherrn stoppt die Uhr und rechnet die Kosten des Bauwerks ab. Das ist der Moment, in dem Erfolge gemacht und Feste gefeiert werden; besonders bei Bauherren, die nach Bezug nicht Eigentümer und Betreiber sein werden.

Oft wird auch aus Prestigegründen der seit langem verkündete Termin mit Teil- und Sondernutzungsgenehmigungen vom Bauamt demonstrativ gehalten und der Einzug kann beginnen. Projektkonten für die Investition werden oft bei Erreichen des Budgets und mit dem Nutzungsbeginn von den Kaufleuten geschlossen. Rechnungen für Restleistungen oder Mängelbeseitigung von insolventen Firmen werden dann oft als Aufwand in andere Töpfe verteilt. Aktuelle Bestandspläne werden erst Jahre später oder nie dem Betreiber übergeben.

Die verfrühte Nutzung eines Gebäudes verteuert die Fertigstellung der noch offenen Bauarbeiten parallel zum operativen Betrieb nach meiner Einschätzung um ca. 10 bis 20 Prozent. Nachtarbeit und eine somit notwendige wiederkehrende Beräumung der Baustelle für die am Tag genutzten Flächen der Mieter sind einige der Kostentreiber.

Die Betriebskosten pro m² können so um ca. 10 bis 20 Euro im ersten Nutzungsjahr höher liegen als veranschlagt.

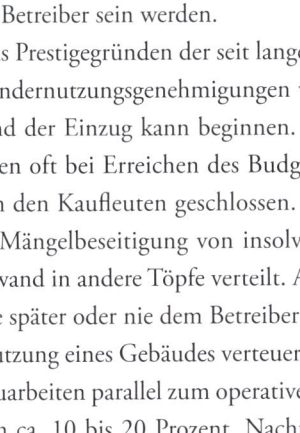

Abb. 59 So sieht die Theorie aus. Die Baumannschaft übergibt oben am Ziel ein fertiges Gebäude an den Betreiber bzw. Facility Manager. Der kann dann mit schön gleichmäßigen jährlichen Kosten das Gebäude zur Zufriedenheit der Nutzer und Eigentümer betreiben.

Abb. 60 Nach sieben Jahren Nutzung können die Betriebskosten schon über den Bauprojektkosten liegen. So sieht die Realität aus: Der Betreiber bzw. Facility Manager muss ein unfertiges Gebäude von der müden Baumannschaft abholen und ihnen noch über den Berg helfen. Nachdem die Nutzer eingezogen sind, werden alle Kosten auf ihr Konto gebucht. Das Bauprojekt-Konto wird geschlossen, sobald die Nutzer den Betrieb führen. Fertig ist das Gebäude dann noch lange nicht. Es gibt dann noch keine Dokumentation und keine Optimierung auf Effizienz und Nutzerkomfort.

Selbst, wenn keine Erfolgsgeschichte geschrieben werden soll, gibt es immer ein Niemandsland in den Lebenszykluskosten von Gebäuden. Die Konten für das Bauprojekt sind schon geschlossen. Der Betreiber möchte keine Projektnacharbeitskosten auf seinen Budgetkonten haben. Die Kosten werden also irgendwohin gebucht. Kostenstellen dafür gibt es schon. Denn es ist ja bekannt, dass nach Bezug des Gebäudes unvermeidbare Fehler bzw. Irrtümer korrigiert werden müssen und dass sich notwendige Optimierungen ergeben. Das Gebäude ist ja eigentlich erst im Test bzw. Pilotbetrieb. Zu den Nacharbeiten gehören auch Anpassungswünsche durch Nutzer und Bauherren. Viele Gebäude werden gebaut, ohne dass der Nutzer vorher bekannt ist. Somit werden die mieterbezogenen Wünsche erst nach nach Abschluss des Mietvertrags oder dem Einzug genannt. Dazu gehören auch der Einbau oder das Entfernen von Zwischenwänden und Änderungen an den haustechnischen Anlagen; Strom, Wasser, Abwasser, Heizung, Kühlung etc.

Die Zeitspanne für das »Einfahren« und Feinabstimmen eines Gebäudes dauert mindestens ein Jahr. Bis eine optimale Betriebsführung und ein energetisch sinnvolles Regelungsverhalten erreicht werden sind zwei Heiz- und Kühlperioden Erfahrung nötig.

Wer in dieser Zeit schon die theoretisch errechneten Betriebskosten dem Nutzer verkauft hat, kommt in eine Zwickmühle, falls er das notwendige Nachjustieren der technischen Anlagen des Bauwerks nicht budgetiert hat. Um dem Nutzer diese Kosten nicht in Rechnung stellen zu müssen, wird er die notwendigen Nachjustierungen auf das absolute Minimum reduzieren. Es ist für den Betreiber extrem wichtig, am Anfang des Gebäudelebens ja keine ungeplanten Kosten zu zeigen. Denn gleich nach Nutzungsbeginn werden die Finanzleute damit beginnen, die Profitabilität des Gebäudes zu berechnen. Jeder Facility Manager, der einen Zielerreichungsbonus auf Profit hat, wird im Zweifelsfall eben weniger Geld für energetische Optimierungen ausgeben. Er wird versuchen, die Kosten dafür auf nicht vom Controlling erfasste Kostenstellen zu buchen. Das ist nicht immer möglich. So kann es noch Jahre nach Übergabe eines Gebäudes sein, dass die supereffiziente neue Heizung und ultramoderne Kältetechnik gleichzeitig gegeneinander arbeiten. Wichtig ist zu dem Zeitpunkt nur, dass die Nutzer nicht offensichtlich unzufrieden sind und den Mietgegenstand im derzeitigen Zustand nutzen. Zufriedenstellend ist das für einen FM-Mann nicht, aber überleben möchte auch er.

»Qualität« – das Unwort des BauWesens

Die bisherigen Ausführungen beziehen sich auf normale Gebäude mit einem guten Bauverlauf und ohne systematische Budgetüberladung. Werden unrealistische Termine durchgedrückt oder wird mit zu wenig Budget zu groß und zu komplex gebaut, steigert sich die Problematik der Nachprojektkosten. Der Betreiber bekommt dann mit dem Bauwerk viele offene Restleistungen und Baumängel übergeben. Versteckte, nicht sichtbare Mängel sind das Damoklesschwert über dem Kopf des Betreibers. Kommen dazu noch konzeptionelle Probleme und betriebliche Schwierigkeiten, ist eine Dauerbaustelle das Ergebnis eines abgeschlossenen Bauprojektes. Dies wird dann jedoch nicht mehr den Bauherren der Bauprojektphase angelastet. Den für das Gebäude verantwortlichen Betreiber bzw. Facility-Dienstleister trifft der Frust von Eigentümer und Nutzern. Der Architekt und die Fachplaner sind schon lange weitergezogen. Sie sind aus dem Schneider. Wer kennt überhaupt noch den Namen der Firmen und Personen, auf die mit Recht geschimpft werden sollte. Ein erklärtes Bauprojektende ist wie eine Art Generalabsolution. Alle Sünden vergeben. Es können wieder die gleichen auf der nächsten Baustelle begangen werden.

Im laufenden Betrieb, der anfangs eher eine unfertige Dauerbaustelle darstellt, steht der Betreiber allein an der Kundenfront und muss den Druck und die Forderungen aushalten. Wird der Druck auf Eigentümer und Betreiber zu groß, wird der FM-Leiter vom Eigentümer gefeuert. Ein Verantwortlicher wird gesucht, irgendjemand muss den Kopf für die Probleme hinhalten und da ist der Letzte in der Beauftragungskette gerade der Richtige. Um es mit dem bekannten Sprichwort zu sagen: »Den Letzten beißen die Hunde.«

Der FM-Betreiber ist in diesem Fall der mangelnden Qualität im Bauprojekt zum Opfer gefallen. Es muss nicht immer so drastisch enden. Aber das Thema Qualität und eine mängel- und restleistungsfreie Übergabe ist für den Betreiber das Schlüsselthema schlechthin. Er wird mit allen erdenklichen Qualitäts- und Anlaufproblemen konfrontiert. Das beginnt mit der Unschärfe der Begriffe »Qualität« und »optimale Betriebsführung« im Kontext des Bauens und der Nutzung des Gebäudes. Und es endet mit Qualität und nicht realisierten Optimierungen als Keule in Rechtsstreitereien gegen Schwächere. »Qualität der Dienstleistung« zieht immer, das ist der »Evergreen für Zank«. Denn es wurde ein Unikat erstellt. Also gibt es keine guten oder schlechten Muster wie in der industriellen Produktion. Beim Bauen sind wesentliche Teile eines Bauwerks und seiner Funktion, einschließlich der erwarteten Betriebskosten, vorab nicht gerichtssicher definierbar.

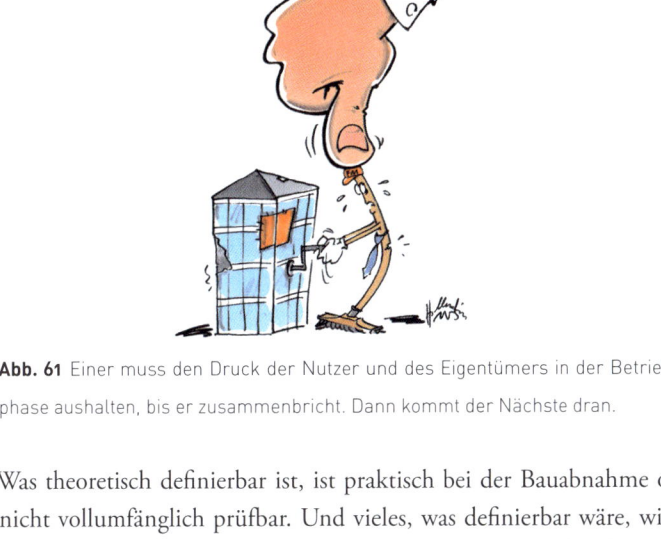

Abb. 61 Einer muss den Druck der Nutzer und des Eigentümers in der Betriebsphase aushalten, bis er zusammenbricht. Dann kommt der Nächste dran.

Was theoretisch definierbar ist, ist praktisch bei der Bauabnahme oft nicht vollumfänglich prüfbar. Und vieles, was definierbar wäre, wird nicht definiert, weil diese Leistung bei Planern und Architekten als »besondere« Leistung der Honorarordnung gilt. Aus Ersparnisgründen wird diese einfach nicht bestellt. Neben der Ersparnis bei den Honoraren gibt es noch einen zweiten Grund für Bauherren, nicht alles zu genau zu definieren. Ihm helfen Unschärfen in der Gebäudespezifikation, niedrigere Angebote auf Ausschreibungen zu bekommen. Irgendjemand aus dem Feld der Bieter wird diese Unschärfe schon wahrnehmen und mit einer eigenen »billigen« Auslegung die Lücken schließen. Solche Unschärfen und Lücken in der Spezifikation kommen häufig in den Beziehungen zwischen Bauherr und Generalunternehmer vor. Da wird dann ein Stück Gebäude nach Entwurfszeichnungen bestellt. Der Generalunternehmer hofft mit den einfachsten, billigsten Ausführungen davon zu kommen. Der Bauherr will bei der Auftragsvergabe glauben, für den unschlagbar tiefen Vergabepreis ein Gebäude nach seinen Vorstellungen zu bekommen. Beide Seiten setzen auf das Prinzip Hoffnung. Beide Seiten wollen einfach mal den Spatenstich erreichen. Bis die Probleme nach der Vergabe auftauchen, kann es ja noch Jahre dauern. Bis dahin kann vieles anders sein. Und Geld findet sich immer irgendwo, wenn der Bau mal läuft.

Der effizienteste Weg, um Geld und Zeit zu sparen, ist der des Weglassens von nicht offensichtlichen Leistungen. Diese sieht man üblicherweise nicht sofort.
Die Auftragnehmer erkennen selbstständig, was da alles an Unnützem in die Spezifikation genommen wurde. Aus der »Wünsch Dir was«-Projektphase der Bedarfsermittlung und aus der Komplikation des Bauens hat sich viel Unnützes angesammelt. Das zu erkennen ist die hohe Kunst für Bauauftragnehmer. Gute Profite sind der Lohn dafür.

Da viele Bauherren mit Budgetüberladung gerade gegen Projektende in einem »Sparen um jeden Preis«-Modus sind, beauftragen sie bei Planern und Architekten nur noch die gesetzlich vorgeschriebenen Leistungen. Die Kontrolle der Bauleistungen (Leistungsphase 9 der HOAI) und somit auch die Teile des Gewährleistungsmanagements sind zwar nicht entbehrlich, werden aber gerne gekürzt oder ganz weggelassen. Die Chance für Auftragnehmer, mit komplettem Weglassen oder weniger Leistung unbemerkt durchzukommen, ist gerade bei (ehr)geizigen Bauherren sehr hoch.
Das betrifft vor allem die Klasse der Design- und Konzeptionsmängel. Diese fallen oft nur beim intensiven Nutzen auf. Kuriose Fälle existieren überall in Europa. Etwa in einem zehn Jahre alten Krankenhaus in Bern. Die Jalousien gehen dort nicht wie üblich von oben nach unten, sondern diese werden von unten nach oben geschlossen. Scheint die Sonne leicht von oben in einen Raum, muss die Jalousie ganz hoch, also vollständig zugefahren werden. In den Räumen ist es dann jedoch dunkel und es braucht die Raumbeleuchtung. Bei einem Besuch vor

Ort im Januar 2014 waren an der Südseite des Gebäudes morgens um 11.00 Uhr 80 Prozent der Jalousien vollständig geschlossen. Der Himmel war bedeckt.

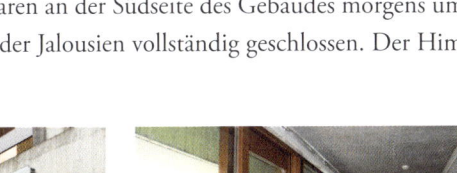

Abb. 62 Schlechte Qualität per Konzeption durch Fachplaner. Die Jalousien gehen von unten nach oben zu. (Quelle: Eigene Fotos)

Eindrucksvoll für mich waren die Türen im Inneren des Krankenhauses und das gesamte raue Holzdekor in den Gängen. Es sah billig aus und wie von einem Hobbyhandwerker mit Baumarktmaterialien errichtet. Die Flächen sind nicht abwaschbar und nicht glatt und machen somit eine effektive Reinigung unmöglich. An den Türen sind Griffspuren der Hände als große Speckschatten unübersehbar. Das Ganze ist gerade in einem Krankenhaus wenig hygienisch und wirkt unappetitlich. Jeder Krankenhausbesucher wird die Schuld bei der mangelhaften Reinigung suchen. Dass der Reiniger keine Chance hat erkennen die wenigsten. Wer kommt schon auf die Idee, dies dem Architekten oder dem Leiter des Bauprojektes anzulasten. Deren Namen kennt sowieso niemand mehr.

Abb. 63 Speckige Schatten an den Innentüren des Krankenhauses nach zehn Jahren Betrieb. (Quelle: Eigene Fotos)

Die Innengestaltung hat weitere gravierende Designmängel. Die Flure sind in einem Zackenmuster auf Basis des künstlerischen Ansatzes in die Architektenplanung übernommen und entsprechend ausgeführt worden. An den Spitzen der Zacken ist es zu eng für zwei Betten nebeneinander. Die Zackenform kostet außerdem durch die Schrägen viel Platz.

Die Innenverkleidung weist gleichzeitig viele tote Winkel auf. Die sind maschinell nicht zu putzen, also muss die auch in der Schweiz sehr teure Handarbeit diese Arbeit übernehmen. An den Türrahmen gibt es Hohlräume, die gar nicht richtig und effizient geputzt werden können. Dort setzen sich Staub und Schmutz ab. Für ein Krankenhaus sicherlich keine gute Lösung.

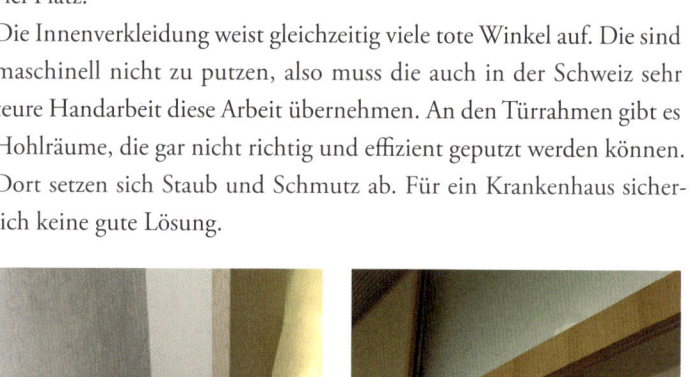

Abb. 64 Tote bzw. unzugängliche Winkel an allen Orten im Krankenhaus. (Quelle. Eigene Fotos)

Das Krankenhaus leidet nicht an den Folgen eines nicht ausreichenden Budgets. Der Grund für die mangelnde Ausführung des Krankenhauses im Sinne des Nutzers und des Betreibers ist die Trennung der Rolle des Bauherrn und des späteren Eigentümers. Der Kanton war Bauherr und hat den Bau bezahlt, also die Architektur und Ausstattung bestimmt. Das Uni-Spital bekam das »fertige« Krankenhaus dann zur Nutzung übergeben bzw. geschenkt. Dieses Geschenk kommt das Spital mittlerweile sehr teuer. Das Gebäude hat bereits solche Schäden an tragenden Teilen, dass es komplett saniert werden muss. Das kostet meiner Kenntnis nach 12 Mio. Euro. Da die Kranken trotzdem vorhanden sind und somit versorgt werden müssen, braucht es temporär einen Ersatzbau. (Quelle: www.derbund.ch).

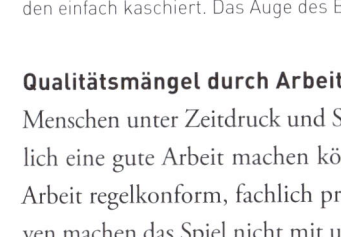
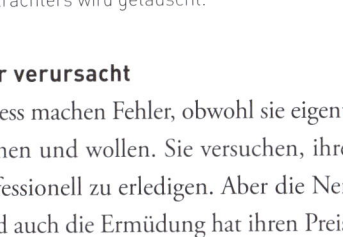

Abb. 65 Hohler Protz und Schau: So können neuwertige Gebäude für den Betreiber qualitativ beschaffen sein. Die Mängel sieht der normale Betrachter nicht. Sie werden einfach kaschiert. Das Auge des Betrachters wird getäuscht.

Qualitätsmängel durch Arbeiter verursacht

Menschen unter Zeitdruck und Stress machen Fehler, obwohl sie eigentlich eine gute Arbeit machen können und wollen. Sie versuchen, ihre Arbeit regelkonform, fachlich professionell zu erledigen. Aber die Nerven machen das Spiel nicht mit und auch die Ermüdung hat ihren Preis.

Wenn der Leistungsdruck hoch wird, ändern Arbeiter ihre Arbeitsweise, um Zeit und Material zu sparen. Sie fragen bei Unsicherheit nicht nach, sondern machen mit Volldampf weiter. Das hat im Schwimmbecken eines Freizeitcenters wohl dazu geführt, dass nach nicht einmal zwei Jahren Betrieb Betonplatten von der Decke in das Schwimmbecken gefallen sind und dabei Menschen verletzt wurden. Die Decke war mangelhaft montiert. Es wurden nicht die geplanten Aufhänger bestellt, sondern es wurde ein Vorgängermodell eingesetzt, das eine ca. 30 Prozent geringere Belastungsfähigkeit aufweist. Die schräge Last reduzierte die Tragkapazität zusätzlich. Weiter erschwerend kam hinzu, dass die Monteure einfach nicht genug Aufhänger und Kreuzverbinder pro Platte und Fläche angebracht hatten. Experten haben berechnet, dass z. B. an der frei schwebenden Decke des Aufgangs zu den Rutschbahnen, am nächstgelegenen Aufhänger, eine fünffach überhöhte Belastung vorhanden war. Als dann der Druck zu groß wurde, riss der Aufhänger und eine unheilvolle Kettenreaktion nahm ihren Lauf. 110 m² Deckenfläche aus Stahl, Gipskarton und Glas stürzten ab und verletzten drei Menschen. Das Vorgehen der Bauarbeiter war nur darauf ausgelegt, Zeit und Material zu sparen. Es würde schon irgendwie halten. Dass dabei Menschen gefährdet würden, war in dem entscheidenden Moment einfach nicht relevant.

Dieses Phänomen gibt es öfter, als einem lieb sein sollte. Ein ähnlich gelagerter Fall ist mir in Deutschland begegnet. Fassadenplatten einer Vorhangfassade wurden vor Jahren unsachgemäß und grob fahrlässig befestigt. Erst als eine Platte von ca. 30 Kilo abstürzte, wurde der Sachverhalt erkennbar. Vorher sah alles ganz toll aus.
Wie dem beauftragten Gutachten von Krebs und Kiefer entnommen werden konnte, wurde auch hier, wahrscheinlich aus Zeit- und Kostengründen, die Professionalität zurückgestellt, und – ich nenne es mal – »improvisiert«.

Abb. 66 Ausbruch und Schwindriss an der Verleimung der nicht fachgerechten Ankerdornlöcher, Ausbrüche wurden nur mit Mörtel verschmiert, Bild links. Nicht fachgerecht ausgeführte Verankerung, Bild rechts oben und unten.
(Quelle der Bilder: Gutachten von Krebs und Kiefer, Beratende Ingenieure für Bauwesen GmbH, Darmstadt.)

Wenn man so etwas sieht, fragt man sich, wie kann es so weit kommen? Woran liegt das? Bedenkt man jedoch, dass auf Baustellen Subunternehmer aus fast allen Ländern der EU zusammenkommen, ist es nachvollziehbar, dass es Qualitätsmängel gibt, die auf unterschiedliche technische Standards und auf die kulturell bedingte unterschiedliche Facharbeiterausbildung zurückzuführen sind. Ein gravierendes Beispiel ist das Verlegen von Granitplatten. Am Frankfurter Flughafen gibt es eine einige 100 m² große Fläche, die von einer falschen Verlegemethode betroffen ist. Üblicherweise legt ein Facharbeiter diese Platten auf eine flächendeckend mit einem Zahnspachtel in einem Kreuzrillenmuster aufgebrachten Kleber. Pfuscher, »Fachleute« aus fremden Ländern oder angelernte Kräfte machen einen Klacks Kleber auf die Unterseite der Platte, setzen sie dann auf, klopfen diese fest, ohne die Ecken dabei auszufüllen, und verfugen diese möglichst schnell. Nach dem Verlegen sehen die Ergebnisse beider Methoden für das Auge oberflächlich gleich aus. Der Unterschied zeigt sich dann schnell im harten Betriebsalltag. Die Granitplatte, nach der »Klacksmethode«

verlegt, liegt wie beschrieben nicht flächendeckend am Boden auf, sondern hat Hohlräume. Bei der ersten Überfahrt der schweren Bodenreinigungsmaschine mit den schmalen Rädern kommt es zu einer Beschädigung der Platte. Der Teil der Platte, der nicht durch Kleber abgestützt ist bricht ab. Eine Neuverlegung ist fällig.

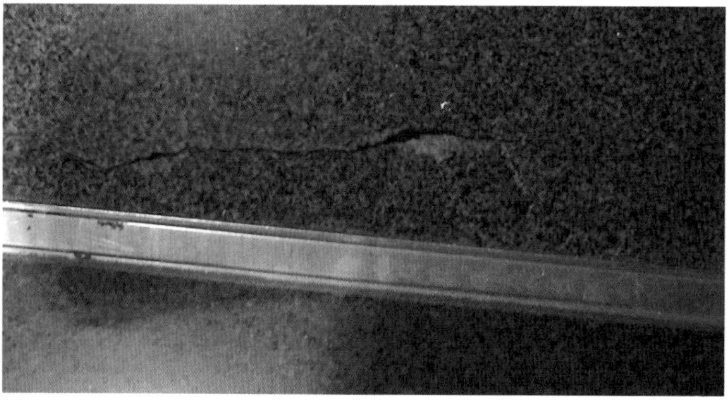

Abb. 67 Gebrochene Granitplatten verursachen einen immensen Aufwand an Reparatur. Nicht fachgerechte Verlegetechnik ist die Ursache.
(Quelle: Eigene Fotos)

Es gibt bei hohem Preisdruck natürlich auch Auftragnehmer, die Personal einsetzen, das keine fachlich passende Ausbildung besitzt und deshalb oft aus verschiedenen Gründen für fast jeden Preis arbeiten kann. Welche Folgen Zeit- und Kostendruck selbst bei Elektroinstallationsarbeiten haben können, zeigen die nachfolgenden Bilder. Obwohl eine Fachfirma der Auftragnehmer war und die Gefahren von Elektroanlagen kennt, wird unter besonderen Situationen einfach gepfuscht. Die an den Verteilungen angeschlossenen Anlagen funktionieren bestimmungsgerecht. Der Errichter gibt einfach sein Versprechen, dieses »Provisorium« noch DIN-VDE-gerecht fertigzustellen. Das Gebäude wird mit dieser Zusicherung in Betrieb genommen. Die Verantwortlichen sind dann schnell über alle Berge oder insolvent. Der Betreiber bzw. Eigentümer muss dann auf eigene Rechnung diese Unregelmäßigkeiten in Ordnung bringen. Das ist oft der Preis für das Sub-Sub-Sub-Wesen beim Bauen.

Abb. 68 So kann Elektroinstallation im Betrieb auch aussehen. (Quelle: Eigene Fotos)

Nach den Qualitätsmängeln bei Design und Verarbeitung kommt nun auch noch der Qualitätsmangel beim Material als drittes hinzu.

Im Bieterwettstreit kann grundsätzlich nur noch der gewinnen, der den tiefsten Preis abgibt. Um dies zu kompensieren und noch leben zu können, wird auch beim Material gespart, neben den Personalkosten. Der Einkauf kennt keine Freunde und Vertrauten, sondern nur Preise. Also vergibt er an den Billigsten. Oft gibt es noch persönliche Zielvereinbarungen der Einkäufer, deren Prämie am Einkaufserfolg gemessen wird. Der Bonus ist umso höher, je niedriger der Preis gegenüber dem Ursprungsangebot ist.

Abb. 69 Maschinen beginnen nach wenigen Jahren zu rosten. Die Gewährleistungszeit überstehen sie gerade noch. (Quelle: Eigene Fotos)

Beim Einkauf von Elektroartikel gibt es auch bizarre Einsparungen. In Sanitärbereichen habe ich Lampen gesehen, deren Elektrosmog schwarze Streifen auf den Verkleidungsplatten erzeugt.

Es werden noch immer, um Baukosten zu sparen, billige Halogenlampen mit 15 W Leistung angeschafft, die max. 5000 Stunden Lebensdauer haben. Sie kosten mit 5 Euro eben 7 Euro weniger als passende LED-Lampen, die nur 5 Watt verbrauchen und mindestens 30.000 Stunden halten. Muss eine einzelne Lampe getauscht werden, kostet dies ca. 12 bis 15 Euro. Die einmalige Einsparung im Einkauf und im Investitionsbudget setzte also eine permanente »Geldvernichtungsmaschine« in Gang.

Zum Abschluss des Themas »Qualität« aus dem Auge des Betreibers noch meine explizite Meinung zu BauWesen und Qualität.

Das aktuelle BauWesen produziert aufgrund des enormen Wettbewerbsdrucks und des immer mehr zum Tragen kommenden Fachkräftemangels systematisch oft schlechte Qualität. Ein Beispiel dafür ist die Dokumentation des Bauwerks, die wir als Betreiber am Ende der Bauphase übergeben bekommen bzw. bekommen sollten. Diese Dokumentation weicht beim Hochbau in der Regel um 30 Prozent von der Realität ab. Bei der Technischen Gebäudeausrüstung (TGA) sind 80 Prozent Abweichung nichts Ungewöhnliches bei der ersten Sichtung. Oft wird nur die Entwurfs- oder Ausführungsplanung mit dem Stempel »Bestandsplan« versehen und übergeben. Nachbesserungsforderungen sind die Regel. Ohne eine qualitativ gute Dokumentation wird jede weitere Änderung und Erweiterung von bestehenden Gebäuden und Anlagen zum Kostenabenteuer. Eine betriebliche Optimierung bezüglich Effizienz ist ohne Dokumentation gleichfalls kaum möglich. Fehlende hydraulische oder lufttechnische Berechnungen etwa müssen dann mühsam nachgeholt werden, um eine Basis für Optimierungen zu haben. Das Sparen bei der TGA ist somit aus meiner Erfahrung besonders teuer. Dabei wird bei der TGA gegen Ende der Bauprojektes, dann wenn das Geld zur Neige geht, besonders erbarmungslos gespart. Der Architekt hat seinen künstlerischen Entwurf gemäß seinen Designvorstellungen auch außerhalb des Budgets durchgesetzt. Auch der Bauherr hat schon einige kostentreibende Änderungen realisieren lassen. Da bleibt am Ende eben nur die TGA zum sparen übrig. Dieses Kürzen bei Ausführung, Dokumentation und Qualität der TGA in der Bauphase verursacht nach meiner Erfahrung im Betrieb anschließend mehr als das fünffache an Folgekosten im Lebenszyklus des Gebäudes.

Mühen und Plagen der Betreiber mit dem BauWesen

Verantwortungsbewusste Betreiber finden sich nicht mit Problemen und hohen Kosten ab, die bei ihnen als Folge der fehloptimierten Bauprojekte entstehen. Leider ist ihr Einfluss in der Bauphase oft sehr beschränkt. Baubegleitendes FM ist eher die Ausnahme. Dennoch verfolgen Betreiber, wenn immer möglich, die nachfolgenden Wege, um die Situation für sich und damit auch für die Nutzer und Eigentümer zu verbessern.

Standardisierung

Ein Mittel, um die Qualität und Betriebskosten in den Griff zu bekommen, ist die Standardisierung. Der Betreiber setzt Mindeststandards für die zu betreuende Liegenschaft, die für alle Projekte grundsätzlich eingehalten werden sollten. Das wäre eigentlich der Königsweg. Leider ist das BauWesen so konditioniert, dass die Umsetzung dieser Standards oft nicht berücksichtigt wird. Denn es gibt vielfältige Möglichkeiten, die Vorgaben des Betreibers zu umgehen. Das Naheliegende für den Auftragnehmer ist, einfach etwas anderes zu realisieren oder eine sogenannte gleichwertige Lösung zu errichten. Anders als die, welche er im Bieterwettbewerb ursprünglich angeboten hatte. Damit kann er gut durchkommen. Wer will schon wegen Umbauten und Streit den Baufortschritt gefährden oder sich auf die Diskussion einlassen, was gleichwertig ist? Wer hat schon Zeit, einen Gerichtsprozess zu führen, an dessen Ende ein in Bausachen unbedarfter Richter unvorhersehbar entscheidet oder eine teure Gutachterschlacht droht?

Wird ein Bieter ausgeschlossen, weil er die technischen Standards oder Vorgaben nicht eingehalten hat, kann er vor die Vergabekammer ziehen bzw. bei Gericht wegen unlauterer Wettbewerbseinschränkung gegen seine Nichtberücksichtigung klagen. Wieder drohen Mühe, Kosten und Zeitverzug für das Projekt.

Der eleganteste Weg für einen gwieften Bieter ist es, einen verantwortlichen Fachplaner bzw. den Architekten als Teil seines Beziehungsnetzwerks zu haben oder diesen für sich zu gewinnen. Er bietet abweichend vom ursprünglichen Standard etwas »sogenanntes Gleichwertiges und somit Billigeres« an. Der Planer erkennt im Rahmen seiner Mitwirkung und seiner fachlichen Kompetenz das Angebot an und lässt es somit zu. Die Konkurrenten haben daraufhin einen Kostennachteil und verlieren in der Regel den Bieterwettbewerb. Der spätere Betreiber kann nichts machen, da er bei Vergabe nicht präsent und beteiligt ist. Er merkt die Abweichung von seinem gesetzten Standard erst, wenn er das Gebäude übernimmt, bzw. wenn er in der Bauphase die Abweichung feststellt. Dann ist es in der Regel zu spät.

Bei großen Projekten der öffentlichen Hand, die europaweit ausgeschrieben werden müssen, wird der Betreiber in vielen Fällen seine Standards erst gar nicht in die Ausschreibung bekommen. Die Gefahr von Klagen wegen unlauterer Wettbewerbseinschränkung ist den Projektbeteiligten einfach zu groß.

Bauen ohne Fachplaner
Projekte mit Planern über den Weg der Ausschreibung zu realisieren, hat auch erhebliche Nachteile. Ein Teil des Einflusses und der Kontrolle wird an den Planer übertragen und geht für den Betreiber verloren. Der Aufwand für Diskussionen steigt und es können sich bei mehreren Beteiligten auch eher Fehler bzw. persönliche Vorlieben und Interessen einschleichen. Natürlich kostet ein Planer zusätzlich noch Geld.

Aus diesen Gründen gehen Eigentümer, die selbst auch betreiben, vielfach dazu über, mit dem Erbringer von Bauleistungen bei Bestandsbauten direkt zusammenarbeiten, ohne Planer. Diese Betreiber haben oft ein realistisches Budget zur Verfügung und versuchen, statt einem minimalen Preis eine maximale Leistung, zu erhalten. »Maximal« im Sinne von minimalen Kosten und Mühen im gesamten Lebenszyklus eines Gebäudes. Diese Art Betreiber orientieren sich als einzige im Bauwesen tatsächlich an einer Vollkostenrechnung.

Wer als Bauherr ohne Fachplaner und neutrale Ausschreibung arbeitet, verzichtet darauf, bei der Preisfindung den freien Markt für sich wirken zu lassen. Er geht mit dem Auftragnehmer eine Art Kooperation ein. Für den Auftragnehmer ist diese Art der Kooperation auch sehr kosten- und personalsparend. Sie reduziert seine Vertriebsausgaben drastisch. Er spart sich für einen Auftrag 5-10 mal das hirnlose, zeitraubende Ausfüllen von ordnerdicken Ausschreibungsunterlagen. Bei einer Auftragserfolgsquote von 10 - 20% müssen bei jedem erteilten Auftrag die Kosten von 4 bis 9 erfolglosen Angeboten verdient werden.

Für den Erbringer von Bauleistungen ist die Kooperation direkt mit dem Betreiber also sehr attraktiv und interessant. Wenn er die Betreiber und deren Nutzungsprofil kennt, kann er besser seine Fähigkeiten zur Optimierung des realistischen Projektergebnisses einsetzen. Bei einer bereits definierten Lösung in Form der Ausschreibung eines Fachplaners geht dies kaum. Ein Betreiber wird normalerweise nicht nur die Realisierung mit dem Auftragnehmer vertraglich fixieren, sondern auch die Betriebsphase in Kosten und Leistungen festschreiben. Eine realistische Life-Circle-Betrachtung und die Vorgabe seriöser Betriebskosten verhindern die Enttäuschung auf beiden Seiten.

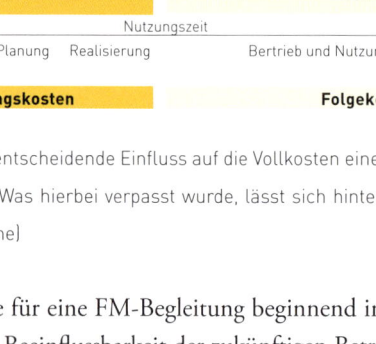

Abb. 70 Der entscheidende Einfluss auf die Vollkosten eines Bauwerks ist vor dem Spatenstich. Was hierbei verpasst wurde, lässt sich hinterher nie mehr aufholen. (Quelle: Eigene)

Ich plädiere für eine FM-Begleitung beginnend in der Planungsphase. Hier ist die Beeinflussbarkeit der zukünftigen Betriebskosten am höchsten. Erfahrungen aus dem Betrieb können in die Planung einfließen.

Der FM-Verantwortliche hat großes Interesse schon während der Bauphase, die später zugebauten Anlagenteile zu kennen. Er kann auf Mängel sofort hinweisen.

Ist der FM-Mann von Anfang an dabei, werden Budgets realistischer und auch mit etwas Reserve eingeschätzt. Die Erwartungshaltung an den künftigen Betreiber ist durch Einbezug eines FM-Mannes auch realitätsnah und verhindert eine spätere Suche nach Schuldigen für zu hohe operative Kosten eines neuen Bauwerkes.

Meine persönlichen Empfehlungen als erfahrener Betreiber:
Planen Sie mit realistischen Zeit- und Budgetansätzen und nutzen Sie die Erfahrungen der professionellen Facility-Betreiber. Beauftragen Sie, auch wenn es in der Entstehungsphase etwas teurer ist, eine FM-Begleitung mit dem späteren Betreiber. In einer Life-Circle-Betrachtung zahlt sich

dies immer aus. Beginnen Sie erst mit dem Bau, wenn Sie definitiv wissen, wie Ihre Immobilie aussehen soll, welche Komfortmerkmale realisiert werden sollen, und verändern Sie Ihre Vorgaben während der Bauphase nie. Mit Veränderungen beginnt eine Kette, die für den Eigentümer und Betreiber nicht beherrschbar ist und definitiv zu Kosten- und Terminproblemen führt.

7.

ANGST UND HOFFNUNG BEIM BAUEN

Ausreichende Ressourcen, fachliche Kompetenz und vernünftige Ziele
sind notwendige Voraussetzungen für Erfolg beim Bauen. Angst
gefährdet ihn.

Der Titel dieses Buches verspricht Aufklärung über die Besonderheit von Bauprojekten. Dazu gehört die personelle und funktionale Zusammensetzung einer BauUnternehmung. Die Budgetüberladung zählt genauso dazu wie die Komplikation des Bauens durch Gebäudetechnik und staatliche Vorgaben.

Es bleibt noch eine Besonderheit zu beschreiben, mit der Bauprojekte sich von sonstigen Projekten des privaten und wirtschaftlichen Lebens unterscheiden. Wenn Sie auch diese Besonderheit kennen, werden Sie Ihrer Rolle als Bauherr, Mitentscheider, Baubeteiligter oder Finanzier gut gerecht werden können.

Neben Bauprojekten sind Softwareprojekte bekannt dafür, in Termin und Budget komplett auszuufern. Als langjähriger Geschäftsführer industrieller Unternehmen habe ich viele Softwareprojekte begleitet. Es stellt sich immer wieder die Frage, wie jeder einzelne Beteiligte und das ganze Team zum maximalen Einsatz gebracht werden können. Wirtschaftlicher Druck auf die Akteure lässt sich dazu kaum einsetzen.

Denn Softwareleute sind wertvoll und gesucht, ihr Wissen nicht greifbar. Auch wenn Projekte komplett daneben laufen, gelten sie als unersetzlich. Aufgrund der Arbeitsmarktlage wird der Chef sowieso keinen besseren Ersatz finden können. Er sollte besser nicht zu viel Druck und Stress ausüben. Das würde sich negativ auf die Arbeitsmotivation auswirken. Es könnte sogar dazu führen, dass gute Leute kündigen. Dadurch käme das Softwareprojekt in akute Gefahr.

In Unternehmen gibt es viele Arten von Projekten. Produktionsanlagen, Verkaufshilfsmittel, Investitionen, Produktentwicklung, Ausbildung, Events, Reorganisationen etc. werden über Projekte realisiert. Bei jedem Projekt innerhalb einer bestehenden Firma können sich alle Beteiligten auf einen Kündigungsschutz verlassen. Es gibt einen Betriebsrat, der gegen ungerechtfertigte Vorwürfe angeht. Normalen Unternehmen ist die Pflege der Reputation und Firmenkultur wichtig. Da wird bei schlecht laufenden Projekten lieber niemand für schuldig erklärt und ausgeschlossen. Auch der Projektleiter hat faktisch einen Schutz gegen harte Konsequenzen bei Problemen. Selbst dann, wenn der er ein großzügiges Ressourcen- und Zeitbudget hatte, sollte jeder Chef bei Projektproblemen mit Sanktionen vorsichtig sein. Willige und fähige Projektleiter sind nämlich rar. Geht der Chef mit einem zu hart um, wird es für ihn noch schwerer jemanden zu finden, der ein Projekt führen will. Er wird feststellen, wie der akute Mangel an Projektleitern zum Engpass für die Entwicklung seiner Firma wird.

Abb. 71 Beim Bauen geht es um viel Geld. Bauherren und Auftragnehmer arbeiten an finanziellen Grenzbereichen. Sicherheitsmargen und Reserven sind Bauprojekten fremd.

Bei der BauUnternehmung ist alles anders. Projektleiter gibt es genug. Obwohl es systematisch an Zeit und Budget mangelt, obwohl bei Bauprojekten viel Angst bei den Beteiligten und extremer Druck von allen Seiten herrscht. Das ist eigentlich ein Widersinn. Der lässt sich wohl am besten mit dem speziellen Wesen des Bauens selbst erklären. Es ist ein schöpferischer, sehr befriedigender Prozess, gemeinsam etwas großes, sichtbares und dauerhaftes zu schaffen. Davon können die Softwerker nur träumen. Dank dieser offensichtlichen Attraktivität wählen viele junge Menschen den Weg in die Architektur und das Bauingenieurswesen. Sie wissen ja nicht, wie es im Tagesgeschäft von Bauprojekten zugeht und kennen nicht die schiefen Konstellationen des Bauwesens.

Dank der Kombination von Unwissenheit und Attraktivität ist der Nachschub an Projektleitern beim Bauen gewährleistet.

Abb. 72 Die Angstmacher: Rechtsanwälte, Sachverständige, Machtpolitiker bzw. ihre Helfer

Angstauslöser

Wieso herrscht bei einer BauUnternehmung eigentlich Angst? Der Ausgangspunkt dafür ist die übergroße Macht des Bauherrn. Diese kann er unkontrolliert ausüben. Das Bauwesen bestimmt ihn zum uneingeschränkten Chef. Soziale Kontrolle existiert ebenfalls kaum. Denn nichts ist intransparenter und zeitlich vergänglicher als ein Bauprojekt. Verträge und Rechnungen sind vertraulich. Man sieht sich nie wieder. Es gibt keine Verantwortlichkeit des Machthabers Bauherrn für seine »Untergebenen«, die Bauauftragnehmer. Dies können professionelle Bauherren bewusst ausnutzen. Das deutsche Bauwesen steht Bauherren besonders viele und starke Druckmittel zu. Die folgenschwersten Ängste bei Auftragnehmern erzeugen Bauherren mit übergroßen Ambitionen ohne bauliche Kompetenz und Erfahrung. Diese lösen über Zurückhalten von Zahlungen und Schadenersatzforderungen bei ihren Projektteilnehmern existentiellen Druck aus. Bauamateure setzen Druck nicht geplant und wohl dosiert ein, um den Fortschritt des Bauprojekts zu fördern, sondern rufen Angst im Übermaß hervor, an der falschen Stelle und zur falschen Zeit.

Vor dem Hintergrund der fortschreitenden Komplikation des Bauens durch immer mehr Technik und staatliche Eingriffe entstehen in Bauprojekten auch immer mehr Fehler. Das ist unschön, aber unvermeidlich. Diese Fehler, sei es in Planung, Design oder Ausführung, müssen schnell entdeckt, besprochen und kooperativ gelöst werden. Geschieht dies nicht, können unbeherrschbare negative Effekte folgen. Das ist wie bei einem Großbrand, der aus einer kleinen umgefallenen Kerze entsteht. Ein inkompetenter bzw. ignoranter Bauherr, der schon wegen der Budgetüberladung mit dem Rücken an der Wand steht, sucht jedoch primär Schuldige für den absehbaren Verzug in Zeit und Kosten. Das wissen und spüren alle Bauleute. Das erzeugt Angst.

Abb. 73 Der Bauherr stellt das Bauprojekt schon schief auf. Er verlangt die Quadratur des Kreises. In der Baubranche wird auch das zum Niedrigstpreis, d.h. budgetschonend angeboten. Alle Beteiligten wissen das. Nur der Bauherr will es nicht sehen. Jeder Baubeteiligte hat Angst, dass er am Ende als Schuldiger für die Schieflage des Projektes herhalten muss.

Neben den systembedingt unvermeidbaren baulichen Fehlern gibt es als Angstquelle bei Bauprojekten ja noch die bekannte Budgetüberladung. Wünsche der Bauherren reizen immer die Grenzen des Budgets aus. Diese Grenzen sind jedoch unsichtbar. Keiner der Baubeteiligten weiß, wie stark der Bauherr schon über diese Grenzen gegangen ist. Jeder muss aber damit rechnen, dass die Budgetmittel nicht für eine reale, faire Bezahlung für alle Auftragnehmer reichen. Jeder hat nun Angst, unter den Firmen zu sein, die mit Verlust abschließen. Jeder hat Angst, aus fadenscheinigen Gründen von einem finanzschwachen Auftraggeber nicht bezahlt zu werden. Bei den hohen Summen im Bau ist die Insolvenz immer nahe. Und jeder hat Angst dabei erwischt zu werden, wie er sich im Bauverlauf Zusatzeinnahmen sichert oder einfach etwas von der angebotenen Leistung weglässt.

Abb. 74 Man kann rechnen wie man will. Das Bausoll passt nicht zu den verfügbaren budgetierten Ressourcen. Wer geht leer aus? Wer schafft es, dem Bauherren tiefer in die Taschen zu greifen?

Die beschriebenen Ängste sind nicht akut. Die Zeiten, in denen Aufseher des Bauherrn die Tagelöhner (Auftragnehmer) mit der Knute malträtierten (Zitat Kapitel 4), sind glücklicherweise vorbei. In einem Rechtstaat kann Angst subtiler erzeugt werden. Es geht um Existenzen, Karrieren, Ansehen und jahrelange Streiterei. Diese Angst ist eine latente Furcht vor etwas nicht greifbarem, aber potentiell sehr schlimmen. Schlimmer als Striemen auf dem Rücken. Diese Furcht ist lähmend und einem kooperativen Verhalten abträglich.

Angst lähmt.

Aus dem Sport und der Ausbildung ist die Wirkung von Furcht bekannt. Eine Fußballmannschaft liegt zurück, Stress entsteht. Und plötzlich kommen Pässe nicht mehr an, die besten Spieler schießen bei Elfmetern fünf Meter am Tor vorbei.

Sie haben monatelang ihren beruflichen Prüfungsstoff gepaukt und beherrschen ihn. Beim Examen ist durch Versagensängste plötzlich alles wie weggeblasen. Genauso geht es guten Firmen und Fachleuten bei Bauprojekten auch. Ihnen droht nicht nur die Rechenschaft für eigene fachliche Fehler. Dagegen könnte man sich noch versichern. Einem Baubeteiligten droht, vom Bauherrn für die gesamte Schieflage eines Bauprojektes verantwortlich gemacht zu werden. Wer kann schon Ursachen und Wirkungsketten bei einem komplexen Bauvorhaben entwirren? Wo ist die Ursache eines Fehlers und was sind die Folgefehler? Heerscharen von Sachverständigen und Anwälten versuchen erfolglos, das heraus zu finden. Bauunerfahrene Richter fällen nach langen Prozessjahren dann am liebsten salomonische Urteile oder empfehlen Vergleiche. Jeder hat hohe Kosten, keiner hat Unrecht, alle sind etwas mitschuldig. Aber um finanzielle Ziele geht es dem Bauherrn oft gar nicht. Prominente Bauherren zeigen durch eine Vertragsklage auf einen Baubeteiligten und werfen ihn skandalsüchtigen Presseleuten zur medialen Ausschlachtung vor. Die Presse schreibt begierig über die Phänomene und Auswirkungen von Fehlern beim Bauen und nennt die vermeintlich »Schuldigen«. Über tatsächliche Ursachen wird nicht geschrieben. Das verkauft sich schlechter und verlangte auch Kompetenz bezüglich des Wesens des Bauens.

Überlebenstaktik

Es gibt viele Wege, um als Bauakteur mit der speziellen Situation von Bauprojekten zurecht zu kommen. Im Buch »BauWesen / BauUnwesen« (Lauber, Kranz, Hanke. Juli 2014) steht ein ganzes Kapitel darüber. Bauleute arrangieren sich mit Situationen und stellen sich auf den jeweiligen Bauherren ein. Es gibt da natürlich Ausgleichsphänomene. Die führen dazu, dass die uralten Grundregeln der Finanzwelt auch beim Bauen gelten. Je höher das Risiko, also die Angst etwas zu verlieren, desto höher die Zinsen. Auch beim Bauen sorgt Angst für einen Aufschlag bei den effektiven Kosten. Wer berechtigte Angst um seine Existenz haben muss, wird sich ohne Hemmungen bedienen und seine Rendite maximieren, wenn die Situation ihm die Möglichkeit dazu gibt. Er wird eine solche Situation auf der Baustelle ohne Skrupel auch provozieren. Wegschauen reicht dazu oft schon aus.

Die Angst bei den Bauherren

Die Bauherrenseite steht unter dem Druck ihrer Geldgeber. Deren Kredit ist Voraussetzung für den operativen Baubeginn. Mit seiner Unterschrift bestätigt der Bauherr, sein Bauvorhaben mit den bewilligten Mitteln zu realisieren. Benötigt er als Folge der typischen Budgetüberladung später mehr Geld, braucht er von seinen Geldgebern Zusatzkredite. Der »wortbrüchige« Bauherr möchte seinen Finanziers dafür gerne einen Schuldigen präsentieren. Das lenkt davon ab, dass die Auftragsvergabe an billige aber unfähige Baufirmen erfolgt ist und dass diese die Baustelle zeitweise lahm gelegt hatten. Auch die nachträglichen Wünsche des Bauherrn sollen nicht als Ursache der fatalen Überlastung der Baumannschaft erkannt werden. Da kommt es dem Bauherren gelegen, wenn einer der Baubeteiligten einen Fehler macht. Die Komplexität des Bauens und die Kühnheit seines speziellen Bauvorhabens erhöhen die Chancen dafür. Erst wenn ein solcher Fehler bei einem Auftragnehmer gefunden und dokumentiert wurde, kann der Bauherr aufatmen. Jetzt braucht er keine Angst mehr zu haben. Er ist nun auf der sicheren Seite. Das gravierende Überziehen von Kosten und Terminen wird nun nicht mehr ihm angelastet. Inkompetenz und die systematische Budgetüberladung sind damit gedeckt.

Hier zeigt sich ein Teufelskreis. Bauherren, die ohne ausreichende Kompetenz und Budget bauen, sind froh darüber, wenn das Auswahlverfahren der Bauauftragnehmer ganz sicher auch unfähige Firmen in das Bauprojekt bringt. Wer als Bauherr keine Vorqualifizierung von Bauauftragnehmern macht, erzielt zwei positive Effekte. Er stellt sicher, sehr niedrige Angebote, weit unter realistischen Kosten, zu bekommen. Sein Budget und damit der Finanzierungsbedarf zur Projektfreigabe werden in der Summe kleiner. Die Vergabe rein über den Preis bringt sicher auch fachliche Stümper auf die Baustelle. Ein überambitionierter Bauherr hat damit praktisch die Gewähr, nicht mit seiner Budgetüberladung aufzufliegen. Es werden nämlich sicher genug Fehler auf der Baustelle gemacht, Schuldige finden sich dann garantiert.

Die Menschen auf der Bauherrenseite haben immer auch Angst vor individueller Verantwortung und Versagen. Denn auch Bauprojekte mit ausreichend Budget und Zeit können in gravierende Schwierigkeiten geraten. Dann soll jedoch nicht eine einzelne Person auf der Bauherrenseite dafür »geopfert« werden. Das wäre aber nötig, wenn sich einmal kein Bauakteur als Schuldesel finden lässt. Die kollektive Unverantwortlichkeit ist das Mittel der Wahl, einzelnen Angst zu nehmen.

Das wird speziell bei Baumaßnahmen der öffentlichen Hand praktiziert – nach Vorschrift.

Dort führt ein Bauvorhaben eben nicht nur ein einzelner Bauherr, sondern eine ganze Gruppe von Menschen, die die Bauherrenrolle einnehmen.

Es bleibt bewusst alles unbestimmt, sodass man von einer Bauherrenwolke (Cloud) sprechen kann. Mit dem hinzuziehen eines Projektsteuerungsunternehmens kann die Bauherrenseite eine regelrechte Wolkendecke zwischen sich und dem Baugeschehen einziehen. Die eigentlichen

Bauherren thronen dann wie Götter weit oberhalb des Baugeschehens. In sicherer Entfernung von jeder relevanten Verantwortlichkeit können sie die Realität des Bauens ignorieren. Bei Problemen warten im operativen Bauprojekt schon beliebig viele Schuldesel auf ihren Einsatz. Nun können Probleme sogar noch einer Instanz mehr angelastet werden, nämlich den Projektsteuerern. Die dürfen sich nicht wehren. Wer etwas gegen den Bauherrn sagt, schießt sich damit für die Zukunft aus dem Markt.

Speziell die öffentlichen Bauherren haben systematisch Methoden entwickelt, die Unwägbarkeiten und Besonderheiten von Bauprojekten zu ignorieren. Persönliche Verantwortung und Fachkompetenz wird es bei Bauprojekten schon nicht brauchen. Vertrauen gibt es zweimal nicht. Die Bauherrenseite traut sich untereinander nicht. Da könnte ja jemand einen Bekannten auf der Auftragnehmerseite haben? Wie kommt der Kollege schon wieder an ein größeres Auto usw? Den Auftragnehmern ist schon gar nicht zu trauen. Die müssen ja Zusatzeinnahmen erzeugen und weniger leisten als versprochen, damit aus dem über den niedrigen Preis gewonnen Auftrag am Ende kein Verlustgeschäft wird.

Die Lösung für all diese Ängste auf Bauherrenseite sind armdicke Anleitungen und Regelwerke, wie Baumaßnahmen ablaufen sollen. Darin wird versucht, auch noch das Unvorhersehbare haarklein zu beschreiben. Die Texte sind deshalb sehr umfangreich. Praktisch veranlagte Menschen lesen sie nicht. Zudem sind sie umständlich und für Normalmenschen unverdaulich. Ohne Verwaltungserfahrung sind sie nicht zu verstehen. Diese ganzen Regelwerke nutzen lediglich Anwälten und Finanzleuten.

Nur, die bauen ja gar nichts! Darum tragen diese Regelwerke nicht zum Bauerfolg bei, ganz im Gegenteil.

Bei einem großen Bauherrn im Gesundheitswesen durfte ich mir als Vorbereitung für einen Vortrag dessen Bauregelwerk anschauen. Dieser

Bauherr unterhält eine eigene Stabsabteilung dafür – das Bauprojektcontrolling. Deren Eigenleben hat sich leider vom Baustellengeschehen stark entkoppelt. Das gute Dutzend Bauleiter dieses Bauherrn ist sich der Praxisuntauglichkeit der Projektcontrollingvorgaben bewusst und ignoriert diese gemeinschaftlich.

Wenn eine offizielle Prozessbeschreibung existiert, die nicht funktionieren kann, schafft das auch wunderbare Freiräume. Jeder Bauprojektleiter kann dank fehlender praxistauglicher Regeln und Vorgaben seine Bau-Unternehmungen nach eigenem Gusto und eigener Gewohnheit gestalten. Die Bauauftragnehmer wissen bei diesem Bauherren nicht, wie ein Bauprojekt ablaufen wird. Keine guten Voraussetzungen für einen effizienten Bauverlauf und gute Qualität.

Abb. 75 Wirkung von Baucontrolling Handbüchern-/Tools bei großen Organisationen. Passionierte, theorieverliebte Verwaltungsleute machen gemeinsame Sache mit dem Hausjuristen. Damit ist nach außen alles sicher geregelt. Die Bauakteure wissen nun wo es lang geht. Die gehen aber den kürzesten Weg. Und das Unglück für das Projekt nimmt seinen Lauf.

Den obersten Chef des Bauherrn stört die ganze Sache nicht wirklich. Er hat sich gegenüber seinem Aufsichtsrat alles rechtlich Notwendige schaffen lassen, um sich und die oberste Führungsebene aus der Schusslinie zu halten. Die Baustellen laufen zwar erbärmlich, aber oben ist keiner Schuld. Aus Bauherren werden so Götter des Bauwesens; unnahbar und unerreichbar.

Es gibt noch eine weitere Angst bei den Bauherren. Die Angst zu entscheiden. Eine Entscheidung könnte sich ja als schlecht erweisen. Was dann? Vielleicht gibt es nur die Auswahl zwischen zwei schlechten Alternativen?

In der modernen Bauwelt ist dieses Pest oder Cholera-Dilemma nicht vorgesehen. Es existiert auch nicht in den Baucontrolling Handbüchern des Bauherrn. In denen wurde eben doch nicht an alles gedacht. Wer jetzt beim Bauherrn entscheidet ist selbst schuld. Der bekommt von den Besserwissern anschließend vorgehalten, seine Entscheidung wäre falsch gewesen. Also wird nicht entschieden. Es kommt zum Entscheidungsstau. Nun können die Bauakteure lukrative Einnahmen durch Verzugsmeldungen erzielen. Wird lange genug gewartet, kippt das Projekt von selbst. Die Termine sind obsolet. Die übermüdete Mannschaft gibt auf. Gilt das Projekt als gekippt, gibt es bei den Kosten kein Halten mehr. So kann auch ein eigentlich gut aufgesetztes Projekt noch an der Angst scheitern. Glücklicherweise gibt es noch Bauarbeiter, die durch die Kraft des Faktischen die Situation retten. Die machen einfach, was sie für richtig halten. Weiter oben schauen alle betreten weg. Das geht solange gut, bis Anwälte und Sachverständige ins Spiel kommen.

Abb. 76 Das gibt es bei Bauprojekten öfter. Es muss eine Entscheidung her. Die Last ist drückend. Die Zeit läuft. Wenn jetzt die Angst die Entscheider lähmt oder es einfach keinen gibt, können auch gute Projekte noch kippen, trotz ausreichendem Budget und guten Bauleuten.

Aus einer E-Mail eines Architekten mit mehr als 25 Jahren praktischer Erfahrung im Bauwesen, gerade auch in Großprojekten.

… das entscheidende Instrument des Projektsteuerers, kosten- und terminrelevante Änderungen im Projekt zu erfassen, ist die »Entscheidungsvorlage«.

In einer Entscheidungsvorlage werden der Architekt und alle betroffenen Fachplaner in einem vorstrukturierten Formular zu der Kosten- und Terminrelevanz einer Planungsänderung befragt.
Der Architekt trägt in einem Übersichtsformular den Input aller Beteiligten zusammen und übergibt alle Formulare an den Projektsteuerer weiter. Der Projektsteuerer erläutert und übergibt die Entscheidungsvorlage in der nächsten Koordinationsbesprechung dem Bauherrn zur Entscheidung. In der Regel entscheidet der Bauherr innerhalb von ein bis vier Wochen

(bei Öffentlichen), so dass ein Entscheidungsvorgang mittels Entscheidungsvorlage vier Wochen in Anspruch nehmen kann. Es sei denn, innerhalb der vier Wochen haben sich die Planungserkenntnisse zu diesem Vorgang schon wieder geändert, dann ist es sinnvoll, die Entscheidungsvorlage auf Basis des neuen Sachverhalts neu zu erarbeiten.

So entwickelt sich ein rekursiver Entscheidungsvorgang, der mit der Zunahme der Entscheidungsvorlagen immer komplexer wird. Weshalb die Entscheidungsvorlagen vom Projektsteuerer in einer Entscheidungsvorlagenliste erfasst werden.

Bei komplexen Bauvorhaben mit 30 bis 50 Entscheidungsvorlagen zur selben Zeit (bei Großprojekten nicht selten), stellt der Projektsteuerer somit sicher, dass die Kosten- und Terminverschiebungen sauber dokumentiert sind.

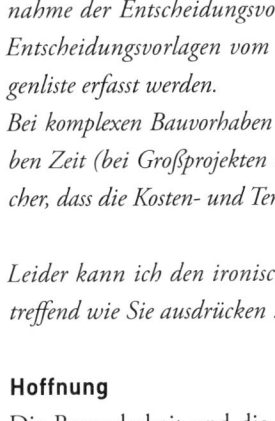
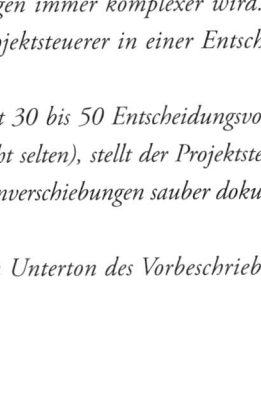

Leider kann ich den ironischen Unterton des Vorbeschriebenen nicht so treffend wie Sie ausdrücken …

Hoffnung

Die Besonderheit und die Dynamik von Bauprojekten sind beschrieben. Es ergibt sich kein positives Bild unserer aktuellen Baukultur. Die Komplikationen durch immer mehr Technik und Vorschriften machen Bauprojekte immer schwieriger, teurer und risikoreicher. Was beim Bauen heute als Gebäude entsteht, wird häufig zu einem Problem für dessen ganzen Lebenszyklus. Und genau diese Lebenszyklen werden immer kürzer. Immer früher wird die große Sanierung fällig.

In einer solch tristen Lage bräuchte es eine grundlegende Änderung der Baukultur. Der gesetzliche und regulative Rahmen des Bauwesens müsste von Grund auf saniert und an die Neuzeit angepasst werden. Eine solche grundlegende und damit auch radikale Änderung ist nicht in Sicht. Dennoch braucht es Hoffnung. Die geplagten Menschen des Bauwesens brauchen als Motivation die Aussicht, dass es besser wird. Sie sind auch schon mit einer Illusion von Besserung zufrieden. Wichtig ist, dass sich etwas tut.

Mit dem deutschen Bauwesen ist es wie mit einem Schwerkranken. Auch er braucht Hoffnung. Die kommt von netten Menschen, die Linderung und Heil ohne Schmerz und Mühe versprechen. Es gibt Scharlatane, die einem krebserkrankten Menschen Zinktabletten als Alternative zum chirurgischen Eingriff empfehlen. Das funktioniert sogar. Weil es irgendwann zu spät ist und die Operation sich erledigt hat. Auch das Deutsche Bauwesen hat etwas Wucherndes an sich. Es ist schwer krank. Wir können es nur dank ererbten Wohlstandes und weltmeisterlicher Exportüberschüsse am Leben halten.

Aber auch für das Bauwesen in Deutschland gibt es Hoffnung auf wundersame Heilung. Die bringt das Mantra der »Lean Construction«, die Hoffnung und damit Licht in den Baualltag bringt. Die einschlägigen Veranstaltungen sind akademisch hochkarätig besetzt und sehr gut besucht. Lean Construction ist das homöopathische Heilmittel für das Bauwesen. Der größte Hoffnungsträger für das deutsche Bauwesen ist jedoch BIM. Das ist eigentlich kein Heilungsmittel für Kranke. Es ist ein bauliches Stärkungsmittel, wie Proteine für Kraftsportler. BIM (Building Information Modelling) ist die vollständige digitale Modellierung von Gebäuden. Digitales Modellieren ist eigentlich schon ein alter Hut, in anderen Branchen schon lange Standard. Für das Bauwesen bedeutet BIM mehr IT-Technik im Bauprojekt. Und damit entsteht Bedarf an neuen Kompetenzen. BIM funktioniert als Stärkungsmittel sehr gut in Ländern mit guter, gesunder Baukultur wie Singapur, Hong Kong und England.

BIM hat für geplagte Bauleute, Politiker, Verbände und Industrie geradezu euphorisierende Wirkung. Es wirkt als Rauschmittel, wo eigentlich ein starker heilender Eingriff nötig wäre. BIM lässt alle Sorgen und Mühen scheinbar verschwinden. Allen Beteiligten macht BIM gute Laune. Die Politiker müssen nichts wirklich ändern. Und die Wirtschaft und Bauverbände freuen sich über glänzende neue Geschäftsaussichten dank BIM. Denn bevor deren Klientel durch Effizienzsteigerung beim

Bauen auch nur einen Euro Umsatz verlieren kann, kommen mit BIM erst einmal noch mehr Komplexität und Komplikation beim Bauen dazu. Die Kosten werden sicher zunächst steigen, weil alle investieren müssen. Die Einsparungen kommen später. Und so verstärkt das gute bauliche Stärkungsmittel BIM nur noch die bestehende Ineffizienz beim Bauen in Deutschland.

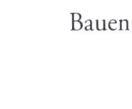

Abb. 77 Die Wirkung von BIM (Building Information Modelling) im Kontext des vorherrschenden deutschen Bau(Un)wesen. Die Betreiber bekommen mehr Einfluss auf das Bauprojekt. Die Komplikation des Bauens nimmt mit mehr IT-Einsatz weiter zu.

Vor dem Hintergrund des Deutschen BauUnwesen wird BIM leider zum Klimbim. Das jedoch merkt das Publikum erst in 10 Jahren.
Aber keine Sorge, Deutschland kann sich die Ineffizienz, den Mangel an Redlichkeit und die üble Qualität beim Bauen noch leisten.

Abb. 78 Eine schlechte Baukultur kann auch nicht durch neue und mehr Technik (BIM) kompensiert werden. Bei vielen grossen Änderungen des Bausolls während der Realisierung kann das sogar negative Effekte haben.

Das mit dem deutschen BauUnwesen ist eine spannende Geschichte. Diese Geschichte erzählt das Buch »BauWesen | BauUnwesen. Warum geht bauen in Deutschland schief?«

Definition BauUnwesen

BauUnwesen ist der systematische Verlust an Redlichkeit, Effizienz und Qualität, welcher entsteht, wenn das Wesen des Bauens bei Bauprojekten ignoriert oder bewusst missbraucht wird.

BauWesen | BauUnwesen,

Warum geht Bauen in Deutschland schief?

Stand: Ausgabe 2014

Wenn sie mehr über das BauUnwesen und das Bauen in Deutschland wissen möchten, dann lesen Sie auch:

Stand: Ausgabe 2014

Ausstattung 364 Seiten, Hardcover, Kapitalband, 173 Abbildungen, 50 Cartoons
Herausgeber Jürgen Lauber
Autoren Jürgen Lauber, Hans Kranz, Bernd Hanke
ISBN 978-2-8399-1464-2

Bestellung
Direkt bei der Druckerei
www.BauUnwesen.com

Fachverlag: CCI-Dialog Karlsruhe
www.cci-dialog.de/buch

Fachverlag: Buchhandlung im Bauverlag, Gütersloh
www.profil-buchhandlung.de

Ihre Buchhandlung um die Ecke:
Barverkauf über Ladentheke,
Bestellung innerhalb einer Woche
oder auf www.amazon.de

Inhaltsverzeichnis von

BauWesen | BauUnwesen,

Warum geht Bauen in Deutschland schief?

Stand: Ausgabe 2014

Der Hammer
Für alle, die an
Veränderung
interessiert sind

4. DEUTSCHLAND BAUT – AB

- Geschichten aus Absurdistan auf deutschem Boden
- Staatlich organisierte Geheimhaltung und Angst
- Absurde, verzweifelnde Lage im öffentlichen Bau
- Erschreckende wirtschaftliche und gesellschaftliche
  Schadensbilanz

Die Zange
Für alle, die an der
Veränderung des
BauWesens
mitwirken wollen

5. UNWESEN STOPPEN, ZUKUNFT MEISTERN

- Das 21. Jahrhundert wird knapp, flach und alt
- Das schnelle, sichere Ende des deutschen BauUnwesens
- Der Weg zum BauWesen Version 2.0 für Deutschland
- Besserung bewirken: Wegweiser für
  Fachleute und für Bürger

ANHANG

- Schlusswort
- Autoren
- Gesprächspartner
- Quellen- und Abbildungsverzeichnis

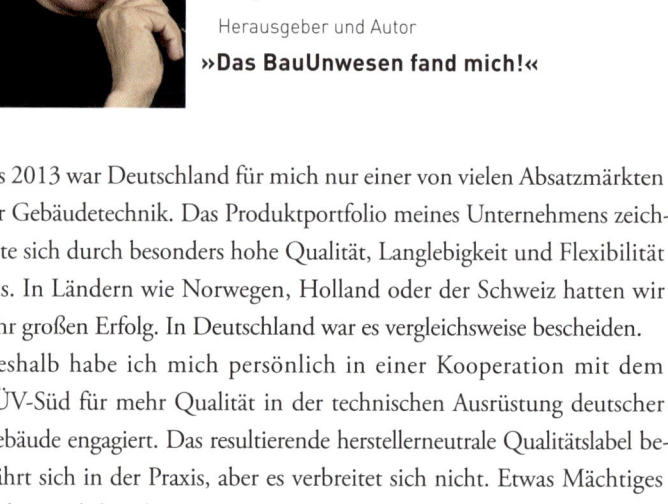

Jürgen Lauber

Herausgeber und Autor

»Das BauUnwesen fand mich!«

Bis 2013 war Deutschland für mich nur einer von vielen Absatzmärkten für Gebäudetechnik. Das Produktportfolio meines Unternehmens zeichnete sich durch besonders hohe Qualität, Langlebigkeit und Flexibilität aus. In Ländern wie Norwegen, Holland oder der Schweiz hatten wir sehr großen Erfolg. In Deutschland war es vergleichsweise bescheiden.

Deshalb habe ich mich persönlich in einer Kooperation mit dem TÜV-Süd für mehr Qualität in der technischen Ausrüstung deutscher Gebäude engagiert. Das resultierende herstellerneutrale Qualitätslabel bewährt sich in der Praxis, aber es verbreitet sich nicht. Etwas Mächtiges hielt unsichtbar dagegen. Es machte jeden Fortschritt zunichte, Qualität in Bauprojekten mehr Gewicht zu geben. Wir fühlten uns wie Don Quichote beim Kampf gegen die Windmühlen. Nur waren es keine Windmühlen, sondern das Deutsche BauUnwesen.

Mitarbeiter aus dem öffentlichen Bau führten mich 2013 auf die Spur dieses Unwesens. Sie beschrieben mir völlig offen ihre schwierige Lage und eine erschreckende Zukunftsperspektive. Damit motivierten sie mich zu meinem Engagement für ein besseres und effizienteres Bauen in Deutschland. Beruflich und finanziell war ich für 2014 unabhängig. Ich hatte keine anderweitigen Pläne und war mit 53 sowieso reif für ein »Sabbatical«, wie man es im Top-Management nennt. Also habe ich mich auf den Weg des Lernens und der Erkenntnis in der Welt des Bauens gemacht. Am 1. März 2014 wechselte ich meine Rolle vom Angestellten zum freien Publizist. Frei von Abhängigkeiten und Parteilichkeit, nur dem Wohl der Sache verpflichtet. Mein Sabbatical Jahr gegen das BauUnwesen und für ein besseres BauWesen war für mich die intensivste, lehrreichste und spannendste Zeit meines beruflichen Lebens. Seit April 2015 verdiene ich wieder meinen Lebensunterhalt als Geschäftsführer und Eigentümer der 2ease AG, die »Lean Enterprise Operating Systems« an Unternehmen lizenziert (www.2ease.info).

Geboren 1961 in Bruchsal, Deutschland. Wohnhaft in der Westschweiz, verheiratet, 2 Kinder.

Ausbildung Biologielaborant, Dipl.-Ingenieur Elektrotechnik.
Arbeitsorte Maulburg bei Lörrach, Indianapolis (USA), Offenburg, Mailand.

Von 2000 bis 2013 Geschäftsführer Saia-Burgess Controls AG Murten, Schweiz. 350 Mitarbeiter, Regelungs- und Steuerungstechnik für Infrastruktur-Objekte.

Bernd Hanke
Gastautor (Seite 127-149)
»Ich bin für Sie da!«

Wenn Sie vom Frankfurter Flughafen in die Welt reisen oder wieder nach Hause kommen, bin ich mit meinen Mitarbeitern hinter den Kulissen für Sie da. Dafür, dass Ihr kurzer Aufenthalt in unseren Terminals und Außenanlagen sicher, komfortabel und reibungslos für Sie ist, sorgen wir. 650 Personen habe ich bzw. die Fraport AG jeden Tag für Sie im Einsatz. Schon mein ganzes berufliches Leben lang betreibe ich Gebäude. Ich versuche, Nutzer und Eigentümer gleichermaßen zufriedenzustellen. Das Gebäude ist meine Arbeitsgrundlage. Ist es schlecht gemacht, habe ich eine aussichtslose Mission. Gebäude entstehen und verändern sich über Bauprojekte. Das Verhalten der Bauakteure und die gesetzlichen Rahmenbedingungen für diese Projekte werden vom BauWesen bestimmt. Ich habe hohes Interesse daran, dass ein BauWesen auf Qualität, Effizienz und Zuverlässigkeit bei der Realisierung und Betrieb von Gebäuden ausgerichtet ist.

Geboren 1962, verheiratet, 2 Kinder, pendelt zwischen Familie in Brandenburg und Arbeit in Hessen.

Ausbildung Elektrotechniker, Diplom-Betriebswirtschaftler, SMP
Arbeitsorte 1987-2007 Deutsche Telekom AG/Deutsche Telekom Immobilien und Service GmbH, verschiedene Funktionen u. a. Leiter Gebäudemanagement und Geschäftsfeldverantwortlicher »Technisches Gebäudemanagement und Verfügbarkeit«.

Seit 2007 Bereichsleiter Airport Facility Management / Technisches Facility Management bei der Fraport AG.

Quellen

Brief des berühmten Baumeisters Sébastien Le Prestre

de Vauban an Louvois, den Minister Ludwigs XIV.:

http://fricotin.wordpress.com/2011/03/29/lettre-de-vauban-a-louvois/

(Stand 2.7.2014)

Bundesrechtsanwaltskammer:

www.brak.de/w/files/04_fuer_journalisten/statistiken/2014/

fa_zum-1.1.2014.pdf (Stand 28.4.2015)

CTIF International Association für Fire and Rescue Service: World Fire Statistics:

http://www.ctif.org/ctif/world-fire-statistics (Stand 28.4.2015)

GEFMA (German Facility Management Association):

www.gefma.de/branchenreport.html

FM Benchmark Rotermund Ingenieure:

www.rotermundingenieure.de/index.php/leistungen/fmbenchmarking

Bildquellen

Abb. 24 www.flickr.com/photos/photorisma/5861626516/sizes/o/

Abb. 25 http://commons.wikimedia.org/wiki/

File:The_Squaire_offices.jpg?uselang=de

Abb. 45 http://olharfeliz.typepad.com/pastels/2007/07/portrait-de-vau.html

Abb. 46 Karlsdorfer Heimatbuch, Geiger Verlag, Horb am Neckar, 1997

Abb. 57 www.rotermundingenieure.de/index.php/leistungen/fmbenchmarking

Abb. 66 Gutachten von Krebs und Kiefer, Beratende Ingenieure für Bauwesen

GmbH, Darmstadt.

Abb. 62, 63, 64, 67, 68, 69 Jürgen Lauber

Weitergehende Informationen und elektronische
Medien zum Thema BauWesen und BauUnwesen,
finden sie unter:

www.BauUnwesen.de

IMPRESSUM

Die Verwertung der Texte und Bilder ist ohne Zustimmung des Herausgebers und der Autoren urheberrechtswidrig und strafbar. Das gilt auch für Vervielfältigungen, Übersetzungen, Mikroverfilmungen und für die Verarbeitung mit elektronischen Systemen.

© 2014 Jürgen Lauber

Herausgeber
Jürgen Lauber
www.juergenlauber.info

Autoren
Jürgen Lauber, Hans Kranz,
Bernd Hanke

Lektorat
Andreas Linke

Cartoons
Walter Hollenstein, CH-Murten
www.hollenstein-cartoons.ch

Gestaltung und Satz
Fuchs & Otter, Benjamin Schnepp,
Heidelberg
www.fuchsundotter.de

Druck
NINO Druck GmbH, Neustadt a. d. W.
www.ninodruck.de

Quelle der Inspiration und Motivation
TOBOL control GmbH,
Automationstechnik
www.tobol.de

ISBN 978-2-8399-1570-0